穿对颜色
才美丽

陈牧霖————

著

个性肤色穿衣**配色**指导书

江苏凤凰美术出版社

图书在版编目（CIP）数据

穿对颜色才美丽 / 陈牧霖著 . -- 南京：江苏凤凰
美术出版社 , 2020.9
ISBN 978-7-5580-7721-0

Ⅰ . ①穿… Ⅱ . ①陈… Ⅲ . ①服饰美学 Ⅳ .
① TS941.11

中国版本图书馆 CIP 数据核字 (2020) 第 140239 号

出版统筹	王林军
策划编辑	翟永梅
责任编辑	王左佐　韩　冰
助理编辑	孙剑博
特邀编辑	翟永梅
装帧设计	李维智
责任校对	刁海裕
责任监印	张宇华

书　　名	穿对颜色才美丽
著　　者	陈牧霖
出版发行	江苏凤凰美术出版社（南京市中央路165号　邮编: 210009）
出版社网址	http://www.jsmscbs.com.cn
总 经 销	天津凤凰空间文化传媒有限公司
总经销网址	http://www.ifengspace.cn
印　　刷	天津图文方嘉印刷有限公司
开　　本	710 mm × 1000 mm　1/16
印　　张	13
版　　次	2020年9月第1版　2021年1月第2次印刷
标准书号	ISBN 978-7-5580-7721-0
定　　价	78.00元

营销部电话　025-68155790　营销部地址　南京市中央路165号
江苏凤凰美术出版社图书凡印装错误可向承印厂调换

序 | 变好看，是一趟自我认知的心灵旅程

穿得好看、得体对我来说是一件特别重要的事情，我愿意花费更多的时间、精力以及金钱在这件事情上。一个人好不好看，不仅仅是外在的一种体现，更是心灵的直接呈现。你喜欢什么颜色？什么图案？是素色的条纹，还是繁复的花朵？你喜欢穿什么款式的衣服？是帅气的男孩子路线，还是柔美的女性风格？当你回答完这些问题，你的性格特质也就跃然纸上。当我们随着年龄的增长，不断了解自己，不断学习美的技能，最终把自己的性格特质，以一种色彩、轮廓、整体感觉，在外在形象上表达出来的时候，你就会形成自己独特的穿衣风格，成为你自己。

在时尚媒体 20 年的工作经历，使我认识到了美是一种技能，是可以学习的。比如说，红与粉、蓝与黑这些色彩的经典搭配，上衣和下衣不同廓形之间的平衡。美是一个系统性的工程，按照对造型影响大小的顺序，我把其要素排列为：瘦、眉形和发型、着装、彩妆和仪态。即使是一个普普通通的女孩子，也可以通过不断学习和实践，获得惊人的转变。

变好看，不仅是变白、变标准，还要成为人群中那个最独特的存在。适合你的，才是最好看、最有效的。我平常不涂睫毛膏、不画眼线，因为单纯的粉底、眉形和口红就可以让我看起来很精神，睫毛膏和眼线会让我显得老气和刻意。是的，你不需要全套化妆品，可以根据自己的特点来取舍。我也曾经买过不少适于叠搭的衣服，但是最后都不太喜欢穿，因为我的性格，天生不喜欢复杂和麻烦，所以极少利用它们。在通往美丽的道路上，我们需要了解自己。

在这个时候，一本简单易懂又有效的工具书，往往能让你事半功倍，使你在提升审美的道路上突飞猛进。牧霖的这本《穿对颜色才美丽》，以一种非常简单的方式，来教你判断自己的肤色，进而选择适合你的服装和彩妆颜色。书中还有大量真人的前后对比照片，你将很容易地看到颜色对于人的显著改变。尽管我已经拥有了这本书的电子版本，但是仍旧迫切地想要一本实体书，放在手边，随时翻看。以往我对自己穿什么颜色的衣服好看，只是一种经验的累积，而现在，我的既往经验通过这本书得到了进一步的验证和扩展。只有找到了适合的款式和颜色，你才能真正有效地建立一个胶囊衣橱，预算不多，利用率却极高，而且，你会变得更美，在了解自己的过程中，以合适的穿衣方式避免暴露天生的一些缺陷。比如，如果你的脖子不够长，就比较适合穿领子稍微低一些的衣服，看起来依旧很美丽。这样，你就会越来越不在意自己天生的一些不足，越来越接纳全部的自己。

　　做自己，爱自己，是一种特别幸福的心灵感受。而做自己，爱自己，毫无疑问，应该从你的外在开始。在生活的每一天，将自己的最好面貌呈现在这个世界上，即使正在经历人生最大的挫折，你也将感受到完全的自由、希望和朝气。

赵颖

资深媒体人

前《悦己》《安邸 AD》杂志出版人

2020 年 8 月

前言 | 找对您的颜色，做更美丽的自己

这本书的读者群是谁？

2019 年 9 月，我将书的初稿发给编辑的时候，她不予评价，只问了一个问题："您这本书的读者群是谁？"为了回答她的提问，我写下了三个故事，她们应该是我写作的初心。

充满"陷阱"的"千禧一代"

洋洋大约 28 岁，染一头金色短发，大眼睛的美瞳也是金褐色的；身穿剪裁时尚的纯白色衬衣，佩戴古铜色项链挂饰，下身是一条棕黄色的短裙。她显然是经过精心装扮的，按理说应该会成为课堂上一道亮丽的风景线。但显然整个课程中并无人特别关注她。我注意到她仅基于对明显配色错误的好奇：为什么化了妆的脸色看起来这么蜡黄？为什么这么好看的五官看起来却这么模糊？

我问她：您自然的发色是不是很黑？她答：是的。

我又问：您自然的眼珠是不是很黑？她答：是的。

我再问：为什么要把黑发黑眼睛变成金褐色？她的回答是常见的：因为想让自己看起来更洋气。

于是我请她站上讲台，用一块黑色织物将她的金色染发覆盖起来，请她摘下美瞳眼镜及古铜色项链，并让她擦拭掉艳丽的橘红色口红，课堂内立即听到一阵异口同声的"哇哦"的惊叹。因为这时候她的脸部轮廓异常清晰，露出可爱的圆脸、清晰的五官、乌黑的双眸及白皙的皮肤。诚然，她的气质不是温暖的、亲切的，而是现

代的、内敛的、带点冷艳的，因此正蓝、黑和纯白是她最适合的颜色，而金褐色、暗沉的古铜黄－绿色是她的死角。她精心装扮却选用了完全错误的颜色，使得事与愿违。

"迷失"的"70后"

我至今依然清晰地记得自己小时候最爱的颜色：将黄色和绿色混在一起的黄－绿色。

那时候蜡笔的颜色种类不多，但每次买回来蜡笔套装，我都是先将黄色和绿色用完。画树叶，画花朵，画古装美女的钗环头饰，总是一个人默默地画，涂抹的笔触是童年最美的记忆。

但记忆中我从未穿过这个颜色的裙子，西瓜红、碎花蓝、黑白圆点都有过，唯独没有黄－绿色。也许因为在那个年代，这个颜色的衣服很昂贵，也许人们认为穿这个颜色的衣服不能显白——最高标准。

现在回想起来，初中时代那套统一的蓝白搭配的校服其实让很多人心中很苦闷，因为这种颜色注定只能让四分之一的人看起来脸色很好，而让另外四分之一的人看起来脸色很不好，其余二分之一的人则普普通通。我属于看起来脸色很不好的那一类。

后来我一直跟着潮流走，买了一件又一件黑色衣服，为了迎合另一个最高标准——显瘦。然而很多年来我都是一边喊"剁手"，一边继续买，买得越多越困惑：为什么总觉得衣柜里少了一件合适的衣服？直到学习了个人色彩分析学后我才恍然大悟：原来我可以穿任意带金底的绿色，从鲜艳的黄－绿到暗沉的铜绿，我真正喜爱的原本就是最合适的。

"大起大落"的"60后"

我认识一名事业成功的女性，第一次见她是15年前的夏天，她一身朴素的黑白配衣服，白衬衣高领竖着，干练的短发浓密乌黑，小方形脸轮廓分明。黑白素配很容易就将人的目光吸引到她的脸部：高挺的鼻梁，温厚的嘴唇。举手投足间散发出超强的感染力，像一株散发芬芳的傲雪寒梅。

第二次见她是5年后的秋天， 简直判若两人：穿一身鲜艳的纯紫色长裤套装，搭配金黄色小碎花衬衣，黄和紫的对比色关系及密碎的图案构成一派花团锦簇的模样，却把她雕塑感强的脸形和鼻梁模糊了，从而使人的关注点落在了她暗淡不匀的肤色上。像春天番红花一样清新娇美的紫色把她骨子里傲雪寒梅的气质弄浊了。之后得知她这身装扮是一家专业色彩形象公司为她打造的，说这样的颜色特别符合她的强大气场：大红大紫。但这显然不适合她的天然肤色。

第三次见面是前年的冬天，她穿一件简单的黑毛衣，外搭宝石红修身皮外套，下身是紧身黑长裤，踩一双时尚感强的黑色筒靴，最大的亮点还属脖子上系的柠檬黄小丝巾（若换成金黄色于她就落俗了），及正红色的精致手抓包。傲雪寒梅的气质依旧在，且相比十几年前那身素雅黑白配增添了高贵与优雅，色彩搭配无可挑剔。

我想了很久，虽然色彩千千万万，但对于穿衣选色，每个人30种就够了。更重要的是：寻找色彩是一个重新认识自我的过程，以此为基础，之后的发挥空间就更大了。谁是这本书的读者群？如果"60后"不囿于旧观念的捆绑，"70后"不限于已有经验的束缚，"千禧一代"开始认真思考"我想要的是我真正需要的吗"，那么，她们都是我的读者群。

　　最后，以回答编辑的另一个提问作为序的结束。她问我："这本书您想告诉读者什么主题？"我想说的是，"美由心生"这句话虽是对的，但您也可以从外部开始改变自己的内心！穿对适合自己的颜色，会激发您的潜力，提升各方面的价值：您变得可信度更高，人们更愿意听您说话，赞美您，聘请您工作或邀请您共事，甚至为您着迷，爱上您！这些是您本来就有的，您需要做的是运用色彩激发自己的潜在价值。

（绘者：黑月乱）

陈牧霖

2020 年 8 月

目录

CONTENTS

11/ 着装要了解的色彩心理学 / 159

12/ 服饰搭配 36 例 / 175

1

色彩故事

A BRIEF COLOR STORY

当我们决定学习色彩，将它运用到妆容和服饰上时，了解一点色彩的发展历史、科学属性及现代色彩的应用理念是有益的。因为色彩从来不是孤立存在的，它来源于光，受制于光，同时色彩与色彩之间会相互影响。因此，想用色彩增添活力，需要知识，需要灵感，需要行动。

1.1

传统色彩

色彩故事

民族色彩通常是一个国家象征的一部分，是一个国家的名片，特别是国旗的颜色，更是国家主权神圣不可侵犯的标志。民族色彩的形成通常与该国家的自然地理风貌息息相关，透过历史文化代代相传。

黄河流域是中华文明的发祥地之一，黄土地的颜色是黄河流域的主要颜色。中国古代有"五方""五行""五色"的说法："五方"指东、南、中、西、北，"五行"指木、火、土、金、水，"五色"指青（蓝绿）、红（赤）、黄、白、黑。在中国传统的哲学思想中，土地是万物的中心，黄色是最有声望的颜色。

红色在中国的传统中与古老、悠久的周朝文化有关。火可以驱赶野兽，可以将生食烤熟，可以带给人安全感，周朝人信奉火德，火的颜色是红色，于是红便成了周朝的代表色。

秦朝取代周朝后，秦始皇信奉阴阳五行说，认为其统治地位乃应水灭火的天理运行规则，于是他将国家的代表色改为黑色，甚至黄河也改称为黑河。汉朝很快取代了秦朝，无论汉高祖刘邦是否真是因相信土灭火之说而将国家的代表色改为黄色，汉朝之后一直延续到清朝末期，黄色都一直被指定为帝王专用色，也是装饰皇家宫殿、祭坛和庙宇的主要用色。

色彩疑惑

　　古代帝王的专用色是黄，清宫戏里帝王的每套衣服几乎都有黄色，可是长期以来我们会有一种看法："大多数黄皮肤的人穿黄色都不会好看，除非皮肤特别白。"难道古代帝王的皮肤都特别白吗？还是人人都可以穿黄色，只是要选择不同的黄色？

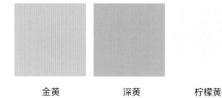

| 浅柠檬黄 | 亮金黄 | 金黄 | 深黄 | 柠檬黄 |

色彩故事

　　希腊的代表色是蓝色和白色。古希腊文明是欧洲最早且影响最为深远的古代文明之一，是西方文明的精神源泉。古希腊的地理范围，除了现在的希腊半岛外，还包括整个爱琴海区域和北面的马其顿和色雷斯、亚平宁半岛和小亚细亚部分地区。古希腊的哲学思想中有四元素学说。古希腊人尝试用自然因素来解释自然现象，认为宇宙万物由水、火、土、气组成，与四元素相对应的颜色是：水为蓝色，火为红色，土为黄色，气为白色。

　　四元素论博大精深，痴爱几何学的柏拉图将四元素转化为几何体，其学生则将四元素论发展为一个宇宙运行体系，西方医学之父希波克拉底则据此提出了"四体液病理学说"：肝对应气，肺对应水，胆囊对应火，脾对应土，处方讲究不同草药之间的相互搭配。这些观念与做法与中国传统医学相似。四元素是古希腊人对世界本源的一种朴素的看法，虽对后世有着深远的影响，但在现代科学兴起后就被抛弃。

　　如今西方科学界已无人相信四元素学说，但在民间还有人信奉。据说18世纪末美国白宫建成后，曾就涂刷什么颜色展开过热烈的讨论，热爱时尚与色彩的美国国父华盛顿最后决定涂刷纯白色，因为他本人非常热爱古希腊文明。白色和蓝色也是美国民族色彩的主色。

色彩疑惑

人们认为白色和蓝色适合所有肤色的人，真的吗？为什么有些人穿白色显脏，而普遍的"校服蓝"也并非适合每个人。是不是不同肤色的人应该有更合适的白和蓝？

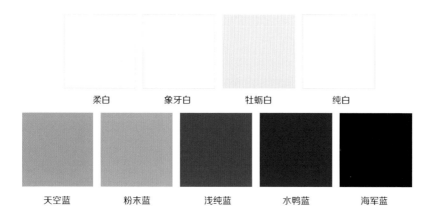

| 柔白 | 象牙白 | 牡蛎白 | 纯白 |

| 天空蓝 | 粉末蓝 | 浅纯蓝 | 水鸭蓝 | 海军蓝 |

1.2

现代色彩

色彩故事

　　1666 年，牛顿在实验中用三棱镜发现白色的阳光中含有五颜六色的光谱色带，它们的排列次序是红、橙、黄、绿、蓝、紫。这些颜色主要因折射而产生。如果我们将这条光谱色带分成两组：红、黄、橙一组，绿、蓝、紫一组，然后将它们放进一个凸透镜中，结果是它们又再一次变成一道白光。我们称这两组经混合后变成白光的颜色为对比色：红对绿，黄对紫，橙对蓝。

　　如果我们将其中一个颜色隔离开来，比如绿，而将其余的颜色——红、橙、黄、蓝、紫收集起来，得到的颜色是红。这个试验同样适用于其他颜色，原理是每一个光谱色都是其余光谱色混合后的对比色。但这只是光色的原理，并非物质颜料的混色原理。

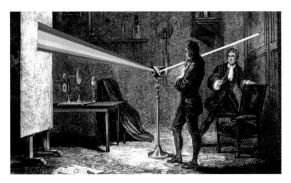

牛顿三棱镜分光实验

如果将绘画用的等量黄、红、蓝颜料混合在一起，得出的是黑色，任意一组物质颜料的对比色混合得出的结果是不同的灰色或黑色。

您知道吗

　　为什么灰色会有那么多种类？因为每组对比色都能调制出不一样的灰色，如下图所示的红和绿、黄和紫、蓝和橙，如果按 1 ∶ 1 的比例来混合就能调出下图中间的灰色。如果色彩的比例发生变化，灰度就会有变化。

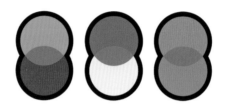

色彩故事

　　1856 年，18 岁的英国化学专业学生威廉·珀金（William Henry Perkin，1838—1907）在实验室里发明了最早的化学合成染料——苯胺紫，从此打破了一直以来颜料仅限从植物、动物、矿物、黏土中提取的方式。这是 19 世纪后半期西方逐渐进步的有机化学的成果之一。在工业生产上，合成染色优于古老的自然染色并将其取代。煤焦油提取色和苯胺颜色不仅可以作为染料，也可以作为持久性绘画用的颜料。

　　化学合成染料技术让每个人穿上彩虹色的梦想成为可能，类似皇家紫、皇家蓝这些将色彩与阶级相捆绑的陈旧观念变得模糊，人们感受到了色彩面前众生平等的惊喜。而推动这一历史改变的关键人物威廉·珀金，不仅被冠以"科学史上最伟大的工业胜利的英雄"，也被称为奇才和革命家。

您知道吗

威廉·珀金的发明推动了色彩的现代化进程，紫色从此成为非皇家贵族也能使用的颜色。这种改变也使紫色的色彩含义发生了变化：传统上的紫色与皇家权威有更大的关系，现代的紫色于创造性有更大的想象空间。不过，也并非所有人穿紫色都是好看的，而且不同肤色的人有不同的紫色选择。

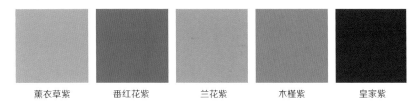

| 薰衣草紫 | 番红花紫 | 兰花紫 | 木槿紫 | 皇家紫 |

争妍斗艳的时代开始了。人们身上穿的、家里摆设用的、交际名片上印的……那些曾经高不可攀的艳丽色彩如今唾手可得，举目可见，满世界就像一个到处飞舞着彩蝶的园子，或者说像一片栖息着成群火红金刚鹦鹉的森林。刚开始人们觉得新奇惊艳，家家户户纷纷效仿，但时间长了竟有人悄悄地怀念起能让眼睛清净的一道白光。19 世纪末，一些讲究优雅生活方式的人们愤怒地指责自己所处的时代是一个色彩"乱世"，他们以拒绝使用鲜艳的色彩来跟追逐俗艳的群体拉开距离。

色彩故事

1898 年，一位名叫阿尔伯特·孟塞尔（Albert Munsell，1858—1918）的美国艺术教师在一次写生途中获得认识色彩的新灵感。当时他被洋红与橙色相交融的落日、紫与灰相交织的风暴云给迷住了，整个夏天的大部分时间他都在观察、研究。最后，就像历史上任何一个伟人在伟大发明诞生前的灵光一现，孟塞尔创建了一个用三维的纺锤形立方体来表示色彩的色相、明度和纯度三个维度的方法。他想用一种更合理的方法来替代传统的用色彩名称描述色彩特征的方法——后者在他看来是愚蠢的、易误导人的，也是导致"色彩混乱"的原因之一。然而，他在雄心勃勃地为推行这套色彩体系而努力时，却发现之前曾以为一定会支持他的前辈、同行都纷纷回避，每进一步都是屡试屡败。虽然直到 60 岁离世，他都没有从自己创造的体系中获得丰厚的物质回报，但他实现了自己的愿望：他的色彩体系获得政府允许在美国校园内普及。他所创造的定义颜色的方法，在艺术和科学之间架起了一座必要的桥梁，改变了人类仅用色彩名称描述色彩的混乱状态。他倡导人们多学习使用带中间灰度的颜色，而非一味使用高纯度的颜色，提升整体色彩审美水平。他是当之无愧的色彩勇士！

您知道吗

把"色相、纯度和明度"作为色彩的三个维度，将千千万万的色彩分门别类，是帮助大众科学化理解色彩及功能化普及色彩的重要标志。

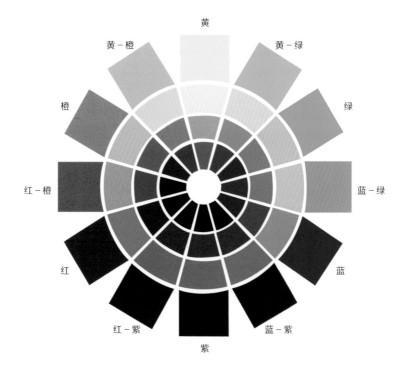

整个色轮上 12 个色彩家族的色彩构成

三原色：红、黄、蓝都是 100% 的纯色，它们无法通过任何颜色混合得到，也不能再进行色彩分解。

三间色：绿、橙、紫。绿是 50% 黄混合 50% 蓝，橙是 50% 红混合 50% 黄，紫是 50% 红混合 50% 蓝。

六复色：红-橙色是 75% 红混合 25% 黄，黄-橙色是 75% 黄混合 25% 红，黄-绿是 75% 黄混合 25% 蓝，蓝-绿是 75% 蓝混合 25% 黄，蓝-紫色是 75% 蓝混合 25% 红，红-紫色是 75% 红混合 25% 蓝。

　　从红、黄、蓝三原色开始，将色彩分成 12 个有代表性的色彩家族：红、红-橙、橙、黄-橙、黄、黄-绿、绿、蓝-绿、蓝、蓝-紫、紫、红-紫。然后根据色彩的三维标准，运用加白、加灰、加黑三种色彩分类法，将色彩分成基本的四环：第一环是纯色，第二环是白调色，第三轮是灰调色，第四轮是黑调色。比如右图是紫色色彩家族的分色法。

1.3

色彩对比

色彩故事

　　20 世纪最伟大的色彩教育家、包豪斯最重要的教员之一，约翰·伊顿（Johannes Itten，1888—1967）提出"主观色彩与客观色彩"的教育理念，他认为帮助学生找到适合的主观色彩就是帮助他们发现自我。主观色彩指每个人生来的肤色、眼色、发色决定了他会本能地偏爱或更适合哪类颜色，并运用这些颜色来表达自己擅长的创造性主题。

　　伊顿将人的主观色彩与大自然的春夏秋冬四个季节联系起来。他是将色彩与个性相联系并给予季节分类的第一人，也因此被认为是"个人色彩分析学"（也称四季色彩分析学）的鼻祖。1967 年，伊顿去世后不久，他的名字也随着相关色彩分析学的热门畅销书籍而流行起来。今天世界各地的美容美妆行业继续使用四季色彩分析学，也是对理论创始人伊顿的一种致敬。

　　伊顿将色彩分成 7 个维度的对比，理解了这 7 个对比将有助于您全面理解四季色彩组合（调色板）的特点，比如春季色彩组合强调纯色的对比，夏季色彩组合强调色彩灰度的一致，秋季的色彩组合突显每个色彩自身的成熟度，冬季色彩组合强调冷色与纯色的强烈对比。

第一对比：色相对比

　　色相可以简单理解为一个颜色的相貌。色轮分为 12 个色彩家族，当将多种颜色放在一起时，出自不同色彩家族的颜色会产生色相的对比。不同色相具有不同的色彩特征，比如不同的明度、不同的纯度、不同的色温。

第二对比：明暗对比

每个颜色都具有明暗度（简称明度）。在色轮的 12 个色彩家族中，黄色的明度最高，紫色的明度最低。通常，越接近白色的颜色，明度越高；越接近黑色的颜色，明度越低。这个道理运用在人的肤色上也是一样的：皮肤越白的人肤色的明度越高，皮肤越黑的人肤色的明度越低。将相同或相近明度的颜色放在一起不容易形成视觉冲击，将明暗对比度高的颜色搭配在一起才更能引人注目。

第三对比：冷暖对比

在 12 个色彩家族的色轮中，以黄－绿色和红－紫色形成的虚线为界，左边的颜色是暖色，右边的颜色是冷色。当冷色和暖色放在一起时，会增强颜色的冷暖对比。暖色似乎和人距离更近，冷色似乎离人更远。冷暖对比也称远近对比，暖色让人感觉亲近，冷色让人有距离感。在四季色彩分析学中，夏季和冬季属于冷季，春季和秋季属于暖季，冷季以含蓝底的颜色为主，如蓝、蓝－紫、紫、红－紫；暖季以含黄底的颜色为主，如黄、黄－橙、橙、橙－红。

第四对比：互补对比

在色轮中形成直接对立关系的颜色称为互补色，比如红和绿、黄和紫、橙和蓝。对立互补关系的颜色就好比水与火，它们既对立又能最大限度地突显彼此的特色。伊顿在他的《色彩元素》一书中强调："每个人都有自己的主观色彩，帮助一个人发现他的颜色就是帮助他发现自己；每个女人都应该知道自己适合什么颜色，这些将永远是她的主观色和补充色。"补充色就是主观色系某个颜色的互补色，比如暖季的主观色是一系列暖色，其补充色是一类偏暖的冷色，比如蓝－绿色。反之亦然。

第五对比：同时对比

同时对比指我们在观看一个特定颜色时，视觉上会主动寻找它的对比色。如果没有这个对比色，我们的视觉系统会自发性地产生。右图是将纯红色和纯黄色分别放在灰色之上：您会发现红色下面的灰有点泛绿，而黄色下方的灰有点泛紫，可实际上这两个灰是完全一样的，只是由于同时对比效应使我们产生了错觉。

同时对比在人的穿衣配色上很关键，主要体现在两处：一是肩部以上的颜色与人的自然肤色所产生的同时对比；二是肩部以上的衣服与肩部以下的衣服在颜色上

形成的同时对比。比如您觉得自己穿芽绿色上衣特别好看，现在要选一种颜色的裤子来搭配，有两种选择：一是玫瑰棕，二是金棕，到底哪个颜色更能确保芽绿色上衣让您的肤色看起来更美？分析如下：对于观者而言，芽绿色看久了就会不自觉地寻找它的互补色：红－紫。如果你选择同样含有红－紫色的玫瑰棕，上下合并的色彩影响力会削弱芽绿色原本衬托你肤色的视觉效果。反之，如果您选择含黄色底的金棕，它与芽绿色的搭配就能更稳定地确保您的肤色处于最美的状态。

第六对比：纯度对比

纯度指一个颜色的饱和度。一个颜色的纯度越高，它的色相就越清晰；纯度越低，它的色相就越模糊。将不同纯度的颜色放在一起时就形成了对比。

在四季色彩分析学理论中，春、夏、秋、冬四季的颜色在纯度上会有明显的不同。以蓝色为例：高纯度的正蓝色适合冬季，加白变淡的蓝色多数适合春季，加灰的蓝色适合夏季，加黑又加绿的蓝色适合秋季。

第七对比：面积对比

面积对比指同一种颜色在使用面积不同时会产生不同的视觉印象。比如穿一条绿松石色的连衣裙跟穿一件绿松石色上方点缀着大量橙色图案的上衣，给人的色彩视觉效果是明显不同的。在穿衣搭配中每个人都有很多种颜色可以选择，但有些颜色对有些人只适合小面积使用，对有些人却可以大面积使用，这跟个人的肤色、年龄、心情、场所等因素有关。

约翰·伊顿创建的色轮

大自然的色彩机制

COLOR MECHANISMS IN NATURE

　　色彩是大自然的微笑，它是动态的，而非静止的。同一色彩用在不同人身上效果不同，同一色彩搭配不同的颜色效果差异很大。了解天空、海洋、植物、夕阳等背后的色彩奥秘，能帮助我们在尊重自然的前提下认识色彩与人的互动方式。想做大自然的宠儿，首先要承认自己本身就是大自然的宠儿，再者就是要认识大自然在色彩上宠爱万物的方式。

水色云天　　　　　　　　　落日熔金

绿野仙踪　　　　　　　　　金光斑斓

灰色阶梯　　　　　　　　　流沙光影

暮光紫烟　　　　　　　　　自然棕色

2.1
色彩与光

没有光我们就看不到颜色。光有冷暖，色彩也有冷暖。冷光让冷色呈现得更清晰，暖光让暖色更好地呈现它们温暖的特质，而混浊的光会令颜色显得含糊、不明朗。

为什么海洋是蓝色的

因为自然光里的长波光（红、橙、黄三种光色）比蓝色更容易被水吸收。当太阳光进入水中时，被反射回去的大部分是蓝光，因此海洋在我们的眼睛里看起来是蓝色的。

当然，这种效果只有在水质非常纯净的情况下才显著，如果水里充满泥浆、藻类或其他杂质，它们所反射的光会模糊我们肉眼看见的清晰的蓝色。

为什么大部分植物是绿色的

因为大部分植物里含有丰富的叶绿素。叶绿素是一种光感受器，它能捕捉光并充分吸收太阳光里的红光和蓝光，同时将绿光反射回去，因此大部分植物在我们眼中看起来是绿色的。

植物中除了含有叶绿素，还含有提供黄色和橙色的胡萝卜素。到了秋天，有些落叶植物在冬天停止生产叶绿素，原有的绿色在阳光下被逐渐分解，绿色掩盖下的颜色就会显露出来，因此植物的叶子会呈现明亮的黄色或红色。

为什么天空是蓝色的

虽然天空和海洋的颜色是相互关联的（我们常说海天一色），但它们吸收和反射光的原理有所不同。蓝色的天空并非因为大气更容易吸收光色中的长波光（红、黄、橙），而是因为大气反射短波光（绿、蓝、紫）的能力远远超过反射长波光的能力，也就是说反射蓝光的能力远超过反射红光的能力。因此，当大气将蓝光反射向四面八方时，我们白天仰望天空时看到的就都是蓝色。

为什么夕阳和晚霞是红色的

因为当太阳落山时，到达我们这里的光要比太阳在头顶时穿过更多的大气层，这时候蓝光几乎已散射殆尽，仅剩下红色、橙色和黄色的光成功穿越，照亮了天空和云朵，于是我们看见了"火烧云"的自然景象。

"晚饭过后，火烧云上来了。霞光照得小孩子的脸红红的，大白狗变成红的了，红公鸡变成金的了，黑母鸡变成紫檀色的了。喂猪的老头儿在墙根站着，笑盈盈地看着他的两头小白猪变成小金猪了。他刚想说：'你们也变了……'旁边走来个乘凉的人，对他说：'您老人家必要高寿，您老是金胡子了。'……天上的云从西边一直烧到东边，红彤彤的，好像是天空着了火。"

——摘自作家萧红的《呼兰河传》

2.2
色彩与温度

光色（自然光里所含的颜色）是有温度的，光波的长短决定色温的高低，原理上红色的温度最高，紫色的温度最低。人造的颜色不会自发产生热量，比如红色的衣服和紫色的衣服从烘干机里拿出来时，其温度是一样的。

在冰天雪地的寒冷地带，人们常见的服装颜色是温暖的棕色和黑色，因为这些颜色能最大限度地吸热保暖，这是人类运用色彩的功能性实现自我保护的生存本能。在长年气候炎热的热带地区，阳光充沛，植物色彩浓艳，动物也色彩丰富（达到能藏身于植物颜色中形成保护色的目的），人们的着装也缤纷多彩，因为亮丽的颜色能反光避热。

我们常常觉得穿红色的衣服很热，但那只是错觉，实际上红色衣服穿在人身上所产生的物理温度要比很多颜色都低（除了白色），因为红色衣服会将自然光里最热的红色波反射回去。因此，如果是出于实用目的，暖季最好用白色系、红色系和黄色系的色彩；冷季最好用蓝色系、紫色系和黑色系色彩。

2.3

用光与色彩来衬托肤色

　　影响人肤色的主要是基因遗传，然后是皮肤接触阳光的强烈程度及时间长短。

　　决定人类肤色深浅的关键是黑色素。黑色素集中在细胞核上方，保护重要的 DNA 免受辐射损伤。黑色素也是决定眼睛和头发颜色的关键。头发的颜色有灰色、黑色、金色和棕色（白头发根本不含黑色素，造成它们白的是一种光学效应），眼睛的颜色有浅棕色、黑色等，取决于眼睛虹膜中的黑色素浓度。人体能自己制造黑色素，黑色素分不同的种类，所产生的颜色范围也很大，有黑色、沙色及红色等，不同颜色的黑色素决定了我们的发色和肤色。

　　将个人肤色与季节色彩联系起来，旨在尊重个体的基因肤色特质与科学色彩知识的基础上，创造性地运用颜色与光所产生的互动效应，为个体提供最能衬托肤色自然美的颜色组合。

　　黄色衣物反射自然光中的黄光，使暖色肌底的人看起来肤色更均匀、温暖、光彩照人；蓝色衣物反射自然光中的蓝光，使冷色肌底的人看起来肤色更均匀、明亮、神清气爽。（我们将在第 5 章中解读如何测试一个人的肤色冷暖）

"伪装"成
最自然的你

TO CAMOUFLAGE YOUR BEST BEAUTY

　　这里说的"伪装"不是道德层面上的虚伪，而是指了解自己的自然色彩特质，运用科学的色彩知识让自己变得更加自信、友好、坚定。素颜并不一定等同于自然美，因为女人容易情绪波动，当面对压力、身体不适或环境突变时，她所展现的那个自己并不一定是最自然的。她的"色彩伪装"技术越自然，就越能保持自信，越容易获得更大的社会接纳，从中遇见最美的自己。

3.1
伪装是动物的一项生存技能

大自然是最了不起的设计师，它所创造的每一种颜色都是为了让地球的生命获得合理的存在。

在自然界中，动物运用颜色来保护自我，创造出各种让人叹为观止的逼真伪装，使人对生命充满敬畏之心。猫头鹰经常把自己伪装成一块树皮，然后蹲在树干上等待着猎物的靠近；杜鹃可以通过改变自己蛋的颜色和形状，将其混在 100 多种鸟类的巢中而不被发现；变色龙通过变换颜色发出信号、击退竞争对手或吸引配偶；螳螂更被称为"伪装大师"，它们利用"伪装术"使自己与周围的绿叶融为一体，悄无声息地潜伏着等待猎物的出现。还有许多动物不仅可以与树叶的颜色融为一体，而且还能模仿树叶的形状，成为它们的一部分，甚至将自己伪装成石头。

人们通常有一种观点，女性天生比男性更热爱鲜艳多彩的颜色。但是，在自然界中，为什么雄鸟的颜色普遍比雌鸟鲜艳呢？

达尔文在物种进化论中提出的见解是：能够被雌鸟看中的雄鸟都是具有竞争力的，起码在外表上能胜出，比如雄鸟有高大的体形、鲜艳的羽毛等，大多数雄性甚至会不惜冒着被捕食者发现的危险使用明亮和有吸引力的颜色。

达尔文在《人类的由来》中表达了这样的观点：生物进化的主要动力是爱，而不是"自私的基因"。从这一点来说，雄性的色彩更鲜艳是因为这样更能获得雌鸟的喜爱。另一方面，雌鸟因为身兼产卵和孵卵的重任，如果它们的羽毛颜色太过鲜艳的话，在树枝之间就会很容易被发现，所以雌鸟一般都颜色灰暗，它们喜欢更好的伪装。

雄孔雀和雌孔雀最大的区别是羽毛的颜色，雄孔雀的羽毛常见为明艳的蓝色；雌孔雀的羽毛则为低调柔和的棕色。

3.2
女人为什么喜欢化妆

女人喜欢化妆的背后有没有科学依据？美国有机构曾就此做过一次调研，结果显示：女性喜欢化妆的原因有生理和心理两方面的因素。生理因素为化妆能刺激五感体验中的三个：触觉（包括身体表面的感觉）、嗅觉（香味）和视觉（变得美丽的过程）。更重要的原因是心理的，即化妆能为女性带来两种截然不同的心理需求的满足。

第一类	第二类
当情绪焦虑或缺乏安全感时，女性倾向于使用化妆品来使自己的情绪不那么引人注目。	想要更有吸引力、更能引人注目时，女性往往以化妆来使自己变得更加自信、友好和坚定。

这两类需求看似是矛盾的、对立的，但调研表明，相比第二类需求，第一类的人群更焦虑、更具防御性、情绪更不稳定。而第二类人群更善于交际、更自信、更外向。

　　诚然外观会对人的自尊感受产生影响，化妆不仅会改变一个女人的吸引力，还会影响她建立新关系的能力。男人通过看一个女人的妆容来判断她展现吸引力的用意，如视她为合作伙伴还是约会对象。女人通过化妆来判断其他女人的性格特质，如是否趣味相投。很多女性都说她们在不化妆的时候会感到不自信，素面朝天会让她们觉得不自在（不能掩饰自我）或觉得自己没有吸引力（不能引人注目），追求美好外观及自尊是她们每天化妆的驱动力。

　　不可否认，化妆是一个提升吸引力的有效工具，粉底能让您的肤色更均匀；眼影、眼线能增强眼睛周围的颜色变化，使您看起来更年轻；腮红让您显得更有激情和活力；口红让您更有吸引力。但是太多女性犯了化妆品颜色选用不当的错误，以至于事与愿违，失去了化妆的好处。下面是两位模特在使用不同颜色的化妆品及相配套的着装色彩后，拍出来的图片效果对比。（注：图片是在相同自然光、相同背景下用手机拍的，未经任何美化处理）

模特 1:

陈萍萍，音乐老师，肤色偏深，脸小，脸部轮廓的棱角比较丰富。

对比提示

①注意两张图的脸部轮廓变化。左图强化了脸部的棱角，右图的脸部线条柔和了许多。

②注意两张图的皮肤状态。左图的粉底呈分离的块状浮于皮肤表层，但整体看起来，人的肤色还是暗淡无光；右图给人的感觉不是白，而是粉底与皮肤融合了，使肤色均匀，容光焕发。

③注意两张图的眼睛。左图的玫瑰棕眼影使她的眼睑显得沉重，整个人看起来很严厉、压抑，体现不出她本人亲切的性格特征。右图的眼影是含金色底的红棕色，很容易就与她的金色肌底融为一体，显得活泼、亲切，神采奕奕。（想一想她的职业，陈老师的哪个形象更容易获得家长和孩子们的喜爱和信任）

④注意两张图里脖子上的肤色与纹理。左图中的脖子肤色看起来比她本人实际的肤色更深，因为跟脸部的粉底完全分离，也因此细纹会暴露得特别明显；右图中的脖子肤色和脸部肤色融为一体，看起来很均匀，细纹几乎看不见。（两张图片的脖子肤色都是模特本人的自然肤色，未经化妆处理）

诊断分析

左图用的是模特自带的化妆品，它们分别是：一瓶比她本人的肤色白出许多度的粉底液，含蓝色底的深玫瑰棕眼影及相同色系的腮红、口红。她说这些化妆品是化妆品专柜的销售人员推荐她用的，说她的肤色又黑又黄，适合使用双倍增白提亮的粉底，并建议她同时使用有"去黄"功效的护肤品。

经诊断，她的肤色很健康，属于热爱阳光、总晒不黑的肤质，这种肤质有一个显著的特点：在灿烂的阳光底下能明显看见表层皮肤下透出金黄色的肌底。因此，在我看来她不需要"去黄"的处理，也不需要刻意"遮黑增白"，只需要选择跟她的自然肤色相吻合的化妆品就可以有显著的变化：改增白粉底为偏黄的小麦色粉底，将玫瑰棕眼影改为含黄底的金棕色系眼影，将玫瑰红的口红改成含黄底的红 – 橙色口红。下图是在陈萍萍本人手臂上涂抹了两种不同颜色化妆品的对比图。

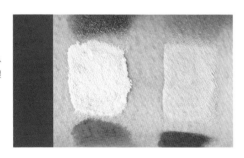

手臂左侧化妆品从上至下：玫瑰棕眼影，铅白粉底液，玫红色口红。

手臂右侧化妆品从上至下：金棕色眼影，小麦色粉底液，橘红色口红。

记住

适合您自然肤色的化妆品，是让您的肤色看起来更均匀，而不仅仅是"显白"。合适的妆容能助您的工作和生活获得更大的成功。

模特2：

范果，手绘工作者，肤色中等，脸部轮廓大方，五官精致。

对比提示

　　① 注意两张图的脸部轮廓变化。左图的轮廓看起来要比真人的脸更宽，很容易让人关注到她相对宽的颧骨，这跟增白粉底和含蓝底的口红有关。右图的轮廓整体更精致，很容易就会注意到她下巴中间的"美人沟"，这是她精致脸部的特色之一。

　　② 注意两张图的眼睛形状。左图有明显的不对称，右图能弱化这个对比。衡量化妆水平的最高标准应该是它是否让您看起来更对称。（您也许会想这跟眼镜有关系吧，但实际情况是拍照时忘了将它摘下来）

　　③ 注意两张图片中脖子部位的肤色和纹理变化。

　　④ 一直以来范果和妆柜专业销售人员都认为她应使用增白的粉底，经过这次对比，她才发现，左图的妆容使人看起来很浮，右图的妆容是她想要遇见的自己。

　　范果和陈萍萍，无论是肤色、样貌、体形还是气质都有很大的不同，但做过肤色诊断后，我确定她们可以使用相同颜色的化妆品，而且可以穿相同颜色的服装（只是个人服装的主导风格会有所不同）。另外，由于两人的眉毛颜色有很大的不同，陈萍萍的眉色很黑，范果的眉色是较浅的棕色，因此她们在眉笔的颜色选择上会有所不同。原则上，化妆品的颜色最好接近自己的自然肤色。

　　下图是在范果本人的手臂上涂抹了两种化妆品的颜色对比图。

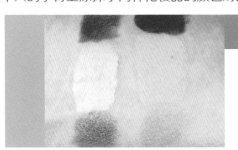

手臂左侧化妆品从上至下：玫红色口红，铅白粉底液，玫瑰棕眼影。

手臂右侧化妆品从上至下：橘红色口红，小麦色粉底液，金棕色眼影。

　　适合您自然肤色的化妆品颜色，是让您的脸部看起来更对称。我们潜意识里都喜欢对称的脸，但大多数人的脸都不那么对称，或一边比另一边宽，或两只眼睛的形状有细微的差别，或一边颧骨比另一边高，等等。一张脸上的这些差别越少就越有吸引力，化妆就是让女人实现对称美的重要工具。

　　　　以前我特别羡慕那些肤色白的女生，觉得她们穿什么颜色的衣服都好看，而我因为肤色较黑，永远只敢穿黑白灰。现在发现原来金黄色、珊瑚红、松石绿……所有这些颜色其实我都能穿，色彩让我走进了生命的春天！

　　　　　　　　　　　　　　—— 陈萍萍

　　一套适合自己自然肤色的服饰能让你充满自信，因为周围的人更愿意亲近你。当你因为用对了色彩而变美，你会觉得整个世界也变得可爱。

——范果

　　选适合自己自然肤色的化妆品，穿衬托自己自然肤色的服装，能让您充分领略大自然宠爱每个人的独特方式。您是独一无二的，这句话绝非虚设！

　　读到这里您心中是不是存在一个疑问：

　　为什么同一模特在拍不同的照片时所穿的衣服颜色不一样？

　　这是为了更好地说明"化妆品与衣服的颜色共同构成影响脸部肤色的因素"。深绿色、灰粉红色与亮白粉底的搭配是和谐的，它们只是不适合模特本人的肤色。

　　您现在一定非常好奇又迫切地想知道：

　　我是依据什么原理给两位模特诊断出她们适合使用哪些颜色的？又是根据什么道理来分析她们应如何选用颜色来衬托肤色的？

　　这正是本书想和您分享的主题——个人色彩分析（也称季节色彩分析）。这套理论的鼻祖就是第1章第3节《色彩对比》中提到的约翰·伊顿。

3.3

每个女人都应该知道
自己适合什么颜色

在长期的绘画教育工作中，伊顿发现学生们在绘画过程中会下意识地选择一些自己喜爱的颜色，比如，那些浅金色头发、蓝色眼睛和粉红色皮肤的人，会偏爱那些很纯、很明亮的颜色，基本特征是看重色相对比（见7个色彩对比的第一对比），而不看重色彩的明暗对比（见7个色彩对比的第二对比），他们也本能地更擅长表达春天、早晨的花园、节日的鲜花等生机勃勃的绘画主题。但是，对于黑头发、黑眼睛、黑皮肤的人则完全不同，他们会更喜爱使用黑色，更擅长表达夜晚、黑暗房间里的光、秋天的暴风雨、悲伤忧郁等类型的主题，对他们而言，只用黑白灰就足以表达个体对自然的探索。在此基础上，伊顿首次提出了个人色彩与季节色彩之间的联系。这就是个人色彩分析学的起始。

个人色彩分析根据人的肤色、发色和眼睛颜色，将每个人的色彩特征归入春夏秋冬四个自然季节，从中为您确定最适合的服装颜色和化妆品颜色，实现更自然和谐的"色彩伪装"。一般来说，错误的颜色会引导人们关注一个人面部的皱纹或肤色不均匀等缺陷，而和谐的颜色会增强个人的自然美，让人看起来气色更好，面貌一新。个人色彩分析为人们的自我发现提供了更清晰的指引，唤醒了人们对自我完善的热情和信心。许多女性在自我发现中走上了正确的着装道路，她们不再一味盲目地跟随潮流，而是勇于遵从自己的内心，进行自我完善。

　　《给我的美丽上色》（*Color Me Beautiful*）是美国心理学者卡罗尔·杰克逊（Carole Jackson）写的一本关于个人色彩分析的著作，也是迄今为止相同主题的著作中影响力最广泛的。主要原因是她创建了一个比前人更简单易懂的四季调色板，每个调色板以 30 个颜色为代表，让千千万万非色彩专业的人也能根据这个调色板的指引找出适合自己的颜色。卡罗尔强调：每个人的天生肤色只能归入一个季节色彩，即使有时候似乎两个或更多季节的颜色都适合她，但实际上通过更专业和严格的比对就会发现，只有一个季节的颜色最能突显出她的自然本色。

　　自 20 世纪 80 年代至今，个人色彩分析学一直在不断发展，也有专业人士提出新的观点，比如有人在冷、暖肤色之间划出一个"中性肤色"，指的是一种界乎于冷、暖肤色之间的肤色。但在我个人的探索和实践过程中发现，卡罗尔的"绝对观点"更经得起时间的考验。 您越了解色彩与光的关系，越了解如何运用光与色彩跟您的自然肤色实现更和谐的互动，就更认可这个划分的合理性。归纳成一句话也许可以这样说：凡色都可用，但并非凡色用了都能衬托人的肤色。

四季肤色解读

ABOUT SEASONAL COLOR ANALYSIS

　　大自然分成四季不是偶然的，它应该有精密的设计。四季更替与大自然紧密相关，我们应从大自然中寻找可依循的规律。人具有不同的肤色也不是偶然的，有着人类自己也需要通过学习才能认识的内涵，我们需要认知自然、认知自己。从这一章开始，我们将正式进入季节色彩的分析解读，以帮助您最终找出哪些颜色适合您。

　　中国传统四季养生学的规律是：春生、夏长、秋收、冬藏。如果让我用一种颜色来描述心中的四季，我选"绿"代表春风吹绿大地，万物萌生；选"蓝"代表夏雨滋润万物的生长；选"金"代表秋阳杲杲、稻谷飘香的丰收；选"黑"代表冬季天凝地闭的萧瑟。

春　　　　　　　　　　　　夏

秋　　　　　　　　　　　　冬

4.1

春季肤色解读

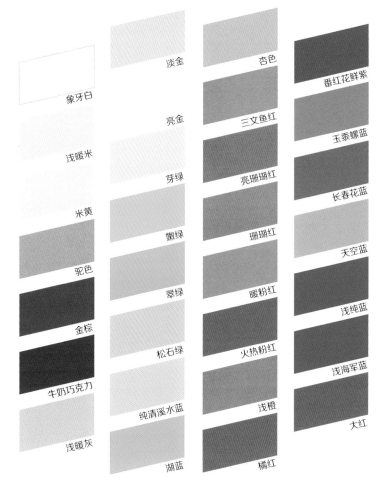

象牙白	淡金	杏色	番红花鲜紫
浅暖米	亮金	三文鱼红	玉黍螺蓝
米黄	芽绿	亮珊瑚红	长春花蓝
驼色	嫩绿	珊瑚红	天空蓝
金棕	翠绿	暖粉红	浅纯蓝
牛奶巧克力	松石绿	火热粉红	浅海军蓝
浅暖灰	纯清溪水蓝	浅橙	大红
	湖蓝	橘红	

适合春季肤色者的色彩

春季肤色者服饰示意　芽绿 ✚ 嫩绿 ✚ 湖蓝

色彩特征

温暖　清澈　精致

大多数颜色都带黄色的底色，从浅色到深色都散发着无限生机。

色彩描述

　　春季色盘中色彩的特点是精力充沛、充满活力。友好、外向是春季色彩的拟人化个性特征。春季色盘里的色彩，以浅色和中纯度颜色为主（虽鲜艳但纯度不高），比如棕色系列有金棕和牛奶巧克力棕，但不会是咖啡棕和黑棕。色感鲜艳透亮，整个色盘没有黯淡沉闷的颜色。

下面是关于春季色彩的细化描述。

颜色类别	色彩描述	关键提示
白色	适合春季肤色的白是象牙白，一种看似奶油色的白	这个季节肤色的人也可以穿夏季调色板中的柔白，却不能穿冬季调色板中的纯白或亮白，因为这会让她们看起来很苍白
黑色		这个季节的调色板里没有黑色，因为黑色会完全削弱春季肤色的自然本色
灰色	适合春季肤色的灰必须清晰而温暖（含有微黄色底的灰），而且有着明亮透光的色彩特质	春季调色板里没有黯淡沉闷的颜色。春季肤色的人即使在冬天也要避免穿黑或灰色，一定要穿的话唯有浅浅的暖灰适合
蓝色	最适合春季肤色的是色感清澈明亮的海军蓝，其次是稍深一些但仍保持鲜明清澈色感的海军蓝。其他蓝色包括浅蓝、长春花蓝（想想春季开花的矢车菊、鸢尾花、飞燕草）等。水蓝、绿松石的蓝绿色在春季色盘里也最常见，无论中纯度还是高纯度都适合春季肤色	春季肤色的人不适合灰蓝或深蓝（灰蓝是夏季的统领色，而深蓝更多地出现在冬季）。另外，春季肤色的人要避免过于苍白的蓝或浅灰蓝，这些颜色不能衬托出她们温暖肌底的生机
棕色和米色	适合春季肤色的主要为棕色和米色，象牙白、清晰的暖米色、泛黄的驼色、中度金棕色和牛奶巧克力棕也适合	不适合使用黑棕或深灰度的咖啡棕。而且一定要避免任意偏灰或泥一般的黄褐色。比如别让卡其色（一种泥般的棕色）接近您的脸部
金色和黄色	春季肤色的人不适合浓度过高的金色（黄色），那些亮丽的浅金色（浅黄色）就能让她们很出彩。当然，纯正的黄金色她们也一样可以驾驭	香槟金一类的冷金色不适合春季肤色

续表

颜色类别	色彩描述	关键提示
红色	适合春季肤色的红既可以是接近橙色的橘红，也可以是鲜艳明亮的大红	暗红对于春季肤色会显得过于苍老，要尽量避免让暗红色接近脸部
绿色	黄－绿色系天生就是为春季肤色的人准备的，从粉嫩的黄－绿、明艳的黄－绿到高饱和度的黄－绿色，都能让她们出彩	
粉红和桃红色	所有桃色、杏色、三文鱼粉、珊瑚红和暖粉红都是为春季肤色准备的，低、中、高的色彩纯度她们都可随心所欲地选择（包括那些不在调色板中呈现的暖粉红）	春季调色板里的粉红色系都含有一点黄，如果你觉得这点难懂，那就将春季的粉红色和夏季的粉红色对比一下，冷暖效果的区别就很明显了
橙色	属于春季肤色的橙色非常浅，它们永远不会像秋季色盘里的橙色那样浓郁	春季肤色的人有时也可以穿秋季调色板中的橙色，但这些深橙色不能让春季肤色的人显得精致
紫色	适合春季肤色的紫是中纯度的紫，这一类紫色是用纯白过滤后的结果，提升了紫色的亮度，使色彩显得娇艳	要避开那些偏暗的紫，因为这会让她们看起来很严厉；柔弱天真的紫或偏红的紫也不适宜，它们属夏季肤色的选择

　　总结：如果您是春季肤色，应该避开黑色、纯白或亮白色、过黑或暗淡的颜色。如果您的肤色属于非常白皙的类型，可以允许服装上有黑色的图案。

4.2
夏季肤色解读

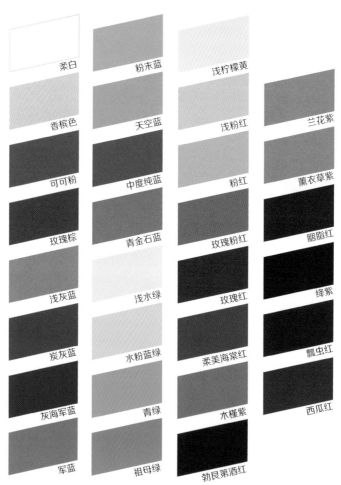

柔白　粉末蓝　浅柠檬黄

香槟色　天空蓝　浅粉红　兰花紫

可可粉　中度纯蓝　粉红　薰衣草紫

玫瑰棕　青金石蓝　玫瑰粉红　胭脂红

浅灰蓝　浅水绿　玫瑰红　绛紫

炭灰蓝　水粉蓝绿　柔美海棠红　瓢虫红

灰海军蓝　青绿　木槿紫　西瓜红

军蓝　祖母绿　勃艮第酒红

适合夏季肤者色的色彩

夏季肤色者服饰示意　薰衣草紫 + 绛紫

色彩特征

在以玫红色为主导的夏季色盘里，所有色彩下方都潜藏着蓝色。

色彩描述

夏季色盘中的所有颜色在灰度上相近，以通融度高及整体的柔美为特征。整个调色板的色彩组合也以表现温和柔美为主。

下面是关于夏季色彩的细化描述。

颜色类别	色彩描述	关键提示
白色	适合夏季肤色的白是柔白（不含黄）	
香槟色（米色）和玫瑰棕	属于夏季的米色永远都带点玫红底，而不是那种带象牙白或黄的米色。她们可以穿中纯度的棕到深棕，只要这些棕色都含有一点玫红色的底子就可以。最让她们出彩的棕色是柔和偏灰的棕	金棕色和金色一样，会让夏季肤色的人看起来皮肤发黄，不像蓝色那样让她们的肤色看起来很均匀
黑色		夏季调色板里没有黑色，因为黑色会削弱夏季肤色的自然本色
灰蓝色	夏季肤色可以使用所有色度的灰蓝，纯度从低到高，明度也从低到高	应避免纯灰色及不含蓝底的纯灰色，因为这些会让她们的肤色看起来单调呆板
蓝色	适合夏季肤色的海军蓝一定是偏灰的海军蓝，无论浅、中、深都可以，必须要体现柔和的感觉。她们还可以穿含有绿的水蓝及含有紫的长春花蓝。夏季和春季肤色可共用的一个颜色是天空蓝，而春季色盘里的长春花蓝也可以考虑	她们不适合春季色盘里那些明亮的海军蓝或冬季色盘里清晰深邃的海军蓝。此外，夏季肤色的人在使用水蓝色（蓝色里含有绿）的时候，一定要选带灰度的水蓝色，适合春季肤色的那些清澈明亮的水蓝色会因色彩本身过度突显而无法体现夏季肤色"通融、柔美"的特质

续表

颜色类别	色彩描述	关键提示
绿色	适合夏季肤色的绿全都出自"蓝绿色"（由蓝色和绿色混合而成的色系），从水粉蓝绿到中纯度的青绿再到祖母绿都可以	翡翠绿在夏季色盘中的地位就如同海军蓝在冬季色盘中的地位，祖母绿也特别适合眼珠偏棕色的夏季肤色
黄色	适合夏季肤色的黄是浅柠檬黄，从水粉柠檬黄到稍微清亮一点的黄色都可以	一定要避免金黄色，这些会让她们的脸色显灰。土黄色更不适宜
粉红色	适合夏季肤色的粉红色都含有不同比例的蓝，包括浅粉红、中纯度的灰粉红，以及更深的玫瑰粉和胭脂红	尽管她们也可以穿高饱和度的粉红色，但可以不等于最适合，需避免那些适合冬季肤色用的明亮浓艳的粉红，因为它们过度耀眼，会与夏季肤色的柔美特质形成冲突
红色	适合夏季肤色的红包括从玫瑰红、西瓜红、瓢虫红到勃艮第酒红。夏季的酒红与冬季的酒红色不同：夏季的酒红色偏暗，冬季的酒红色偏亮	夏季调色板中的西瓜红是很耀眼的，要提醒的是：西瓜红和天空蓝一样都是使用范围很大的颜色，很多春、冬季肤色的人也可以穿它
紫和紫红	紫红是紫色和红色的混合，它们也被称为紫色系。适合夏季的紫色或紫红色都偏灰，如调色板中的薰衣草紫、兰花紫和绛紫。这类紫色的种类很多（不限于调色板内），选择起来很容易	夏季的紫色与春季、冬季的紫色不同：春季的紫是在纯紫基础上做了加白提亮的处理，冬季的紫色则纯度更高、明度也更高，如皇家紫

总结：如果您是夏季肤色，应该避免穿戴黑色、纯白或亮白、黄褐色、金色、橙色、黄－绿色和所有含有黄色底的颜色。但黑色可以用来搭配，如黑色的鞋和包。

4.3
秋季肤色解读

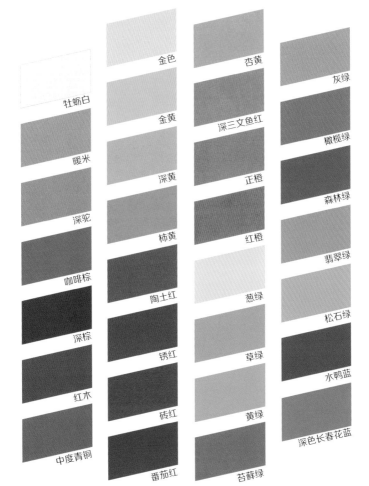

牡蛎白
暖米
深驼
咖啡棕
深棕
红木
中度青铜

金色
金黄
深黄
柿黄
陶土红
锈红
砖红
番茄红

杏黄
深三文鱼红
正橙
红橙
葱绿
草绿
黄绿
苔藓绿

灰绿
橄榄绿
森林绿
翡翠绿
松石绿
水鸭蓝
深色长春花蓝

适合秋季肤色者的色彩

秋季肤色者服饰示意   牡蛎白 ✚ 中度青铜色 ✚ 金色

色彩特征

每个颜色都含黄色底，大多数颜色都带着大地气息。

色彩描述

秋季调色板的色彩可以清晰，也可以低沉，但颜色均带有温暖的金黄色底。清晰类的颜色看起来纯净，低沉类的颜色内含棕、灰和金的混合。大部分秋季肤色的人喜欢中明度或偏低明度的颜色，这个调色板的力量来源于所有色彩都是成熟的组合。

下面是关于秋季色彩的细化描述。

颜色类别	色彩描述	关键提示
白色	牡蛎白，也有人称之为米白。有时秋季肤色的人也可以使用春季色盘的象牙白或夏季色盘的柔白（比如柔白衬衣搭配清新的翡翠绿外套）	秋季肤色的人千万别碰冬季的纯白，因为这会让她们看起来很苍白，完全失去温暖感
黑和灰		这个季节颜色里没有黑和灰，她们需要使用深棕来替代黑，咖啡棕来替代灰
棕色和米色	秋季调色板里所有的米色和棕色都属于大地色，比如深沉的深棕色和红木色，另外驼色、卡其色、黄褐色一类也适合她们。棕色和咖啡色的使用范围很广，可以是任意棕色加灰的结果	属天秋季的青铜色与众不同，它也仅适合秋季肤色的人
蓝色	适合秋季肤色的深蓝色必须带有一点绿色底（有变暖的效果），饱和度越高、越深沉的蓝绿色就越适合她们。适合秋季肤色的松石绿色一定要比春季的松石绿色深许多，可以根据肤色的深浅来选择。通常肤色越深，要求的松石绿色就越深	纯冷的海军蓝对秋季肤色是不适合的，但春季的长春花蓝稍微加入紫色变成"深长春花蓝"后，适合较浅的秋季肤色的人
绿色	适合秋季肤色的绿色跨度很大，从森林绿、橄榄绿到灰绿都可以。她们可以穿任意带金黄底色的绿（偏暖），包括黄色很不明显的葱绿到鲜艳的黄－绿	春季肤色的人有时可以使用秋季调色板中个别清晰度很高的黄－绿色

续表

颜色类别	色彩描述	关键提示
金色和黄色	四个季节的颜色中，秋季可用的金色种类是最多的。她们可以穿戴任意色调的金色，从较浅的金黄到深黄再到耀眼的金黄都可以，很多未放进调色板内的金色同样可供她们自如使用	秋季肤色的人适宜选择有质感的金色材质，因为混浊的颜色会让金色看起来很廉价
橙色	适合秋季肤色的橙色系色彩很多，柿黄（也称南瓜色）及鲜艳的正橙色可以作为她们的点缀色，比如在服装的花纹、图案中体现。当然，如果她们够大胆的话，也可以将这些纯色当主色	橙色在秋季调色板中占比很高，秋季肤色的人几乎没有穿橙色不好看的。如果是很深且不太均匀的秋季肤色，可以先用米白或小麦色粉底对脸部做"柔和"处理，之后同样能轻松驾驭橙色
杏黄和三文鱼红	最适合秋季肤色的杏黄和三文鱼红都比较深（相比春季肤色的同类颜色而言）。她们可以用浅一些的颜色来搭配这些较深的颜色，以增加色彩运用的层次和个人的成熟感	秋季调色板中没有粉红色，但三文鱼红就相当于是这个季节的粉红色
红色	秋季肤色的人可以穿任意含有橙色底的红，从鲜艳的红-橙色到较暗的番茄红都行，如陶土红、铁锈红等，也可以用接近棕色，近似褐红色	秋季肤色要避免使用勃艮第酒红，因为其含有过多的蓝，这对秋季肤色而言会显得过冷，容易暴露脸上细纹

总结：所有秋季肤色的人都应该避免黑色、粉红色、海军蓝、灰色、玫红色以及所有底色含着蓝的颜色。还要注意杏黄、长春花蓝和葱绿色不要太浅。

4.4

冬季肤色解读

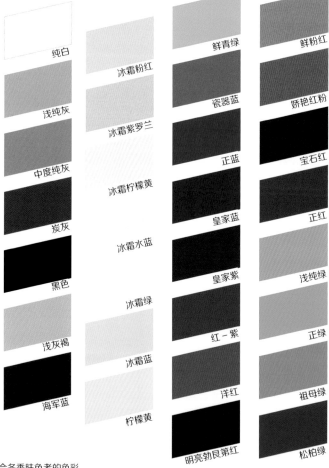

纯白

浅纯灰

中度纯灰

炭灰

黑色

浅灰褐

海军蓝

冰霜粉红

冰霜紫罗兰

冰霜柠檬黄

冰霜水蓝

冰霜绿

冰霜蓝

柠檬黄

鲜青绿

瓷器蓝

正蓝

皇家蓝

皇家紫

红－紫

洋红

明亮勃艮第红

鲜粉红

娇艳红粉

宝石红

正红

浅纯绿

正绿

祖母绿

松柏绿

适合冬季肤色者的色彩

冬季肤色者服饰示意 鲜青绿 + (红 - 紫)

色彩特点

黑白　　高冷　　鲜明

独占纯黑与纯白，以海军蓝色系为主导。

色彩描述

　　冬季调色板的颜色组合透着一股高冷的气息，跟春的活泼、夏的柔和、秋的温暖截然不同，高冷就是它的特质，分明就是它的力量。无论是纯白、纯灰、冰霜色，还是正红、正绿、正蓝，这个调色板里没有微妙混合而成的颜色，中性色就是纯中性色，连米色和棕色都不要，彩色就是彩色，不要在彩色里加黑和灰（加白可以，因为可以让彩色高冷），因此所有低沉、暗哑的颜色都与冬季肤色无缘。

下面是关于冬季色彩的细化描述。

颜色类别	色彩描述	关键提示
白色	在四季肤色中，唯独冬季肤色真正适合穿纯白或亮白。白衬衣对她们而言永不过时	冬季肤色的人也可以穿夏季的柔白，但绝不应去碰春季的象牙白或含有黄底的白黄色
黑色		冬季肤色是唯一适合穿纯黑的，她们穿黑色看起来总是很有状态
灰色		适合冬季肤色的灰色很多，从浅灰到炭灰都有，而且必须要灰得纯粹，并非春季的浅暖灰或夏季的蓝灰
灰褐色	适合冬季肤色的米色属灰米色（也称灰褐色，将2%～5%的米色混入灰中）。凡是靠近她们脸部的含有米色底的服饰，都要求色彩稀释度高且清晰，然后选择暗色的裤子、鞋子，形成对比鲜明的搭配	通常，米色对冬季肤色的人都不合适
蓝色	海军蓝色系是冬季肤色者最合适的色系。她们能穿任意色调的海军蓝，另外还有正蓝、瓷器蓝等这些既明亮又高饱和度的色彩	要避免将适合夏季肤色的那些过灰的海军蓝靠近脸部，为的是能真正突显她们天生肤色的高冷特质
红色	适合冬季肤色的红是正红，或含有蓝底的红，如宝石红	适合冬季肤色的酒红色在色感上要清、亮、锐，不是夏季那种偏暗或接近棕色的酒红

续表

颜色类别	色彩描述	关键提示
绿色	适合冬季肤色的绿包括从正绿到祖母绿到松柏绿的诸多绿色。松柏绿跟秋季森林绿的最大区别是：前者绿中含有蓝，后者绿中含有黄。在色彩家族中，绿色的成员最多，通常含黄的绿又居多，导致很多冬季肤色的人以为自己不喜欢绿色，但其实适合她们的绿色一定会是她们喜欢的	祖母绿这个颜色是冬季肤色和夏季肤色可以共用的颜色
黄色	适合冬季肤色的黄色是很特别的，因为只有一种高冷的柠檬黄。这种黄一点都不能带有金色底（柠檬黄通常是纯黄加白或含有一点绿色，金色通常是黄色里含有橙色或灰色）	在个人肤色的测试环节，通常会用到金色的布料，因为冷季肤色的人，特别是冬季肤色的人基本上一碰到金色就大为逊色
粉红和紫色	适合冬季肤色的粉红和紫色都纯度较高。通常高饱和度的粉红色较难被穿衣风格传统的人接受，洋红与红－紫色相对会显得更沉稳些	不要将冬季的冰霜色系与夏季的粉色系相混淆，后者不能突显冬季肤色者高冷、分明的特点
冰霜色	冰霜色指那种清澈冷薄的颜色，就像往纯白色里加入一丁点粉色。冰霜色是冬季调色板里的一道独特风景，冬季肤色的人可以穿任意一种冰霜色，包括色调同样轻浅如冰霜的灰褐色和灰色	冰霜色系与纯中性色或纯彩色的搭配是冬季肤色出彩的秘诀

　　总结：冬季肤色的人要避开所有含金色底的颜色，如橙色、锈红色、桃色、金色、黄－绿色、红－橙色、黄褐色和棕色。如果一定要穿棕色，就选择那种跟黑色接近的黑棕，黑棕能跟身上其他黑色配饰相搭。颜色的选择可以与调色板中的其他颜色略有偏离（每个季节调色板中所挑选出来的只是最具代表性的颜色，许多与它们接近但有差异的颜色并未都在这里呈现），但关于黄色和灰褐色的建议必须严格执行。

5

测出您的季节

TEST YOUR SEASON

您是什么样的人，就适合穿什么样的颜色，这跟看得见的皮肤表色无关，而跟看不见的皮肤底色有关。透过表色辨识底色是学习色彩的必修课，专业术语称如何辨别"色中色"。人的肤色属于中性色，而中性色的色中色辨识恰恰是最有难度的。所幸在四季色彩学流行全球逾半个世纪的今天，人们总结出来一些色彩专家也能掌握的方法。这一章我们就来分享几个自测肤色的技巧。

5.1

三步测出肤色冷暖

个人色彩分析学将人的肤色分为冷色和暖色两大类。这个分类跟黄种皮肤、白种皮肤或黑种皮肤无关，也跟个人的皮肤黑白程度无关。不少人持有一种错误的观点，认为黄皮肤或黑皮肤肯定属于暖色，白皮肤属于冷色，但实际并非如此。因为个人色彩分析的测评关键点不是人的皮肤表色，而是皮肤底色。

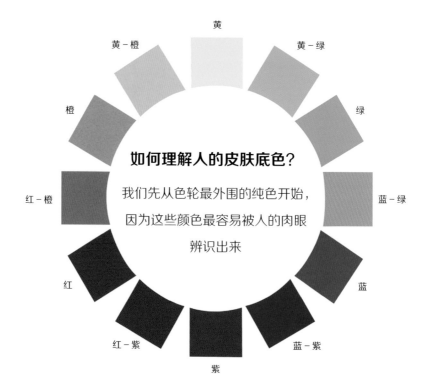

黄

黄－橙　　　　　　　黄－绿

橙　　　　　　　　　　　　　　绿

如何理解人的皮肤底色？

我们先从色轮最外围的纯色开始，

红－橙　　因为这些颜色最容易被人的肉眼　　蓝－绿

辨识出来

红　　　　　　　　　　　　　　蓝

红－紫　　　　　　　蓝－紫

紫

在第 1 章中我们说过色彩的冷暖，就是沿着黄－绿色和红－紫色用一条线划分开来，左边的颜色被称为暖色，右边的颜色被称为冷色。三原色只有黄、红、蓝三个，其他颜色都是由它们以不同的比例混合出来的。您有没有注意到：右边的颜色都含有不同比例的蓝，而左边的颜色都含有不同比例的黄（除纯红色以外）？

尽管人类将肤色分为白、黄、黑，但人的肤色总体上都属中性色。我们根据什么来判断哪些肤色适合运用含有黄色的颜色来衬托？同样，又如何判断哪些肤色适合运用含有蓝色的颜色来衬托？经过近半个世纪的实践，通过以下三个简单步骤能够做出基本判断。

第一步：静脉测试

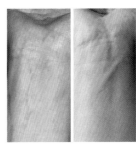

冷色　　　　　暖色

在良好的自然光下细看您手腕上的静脉：如果静脉是蓝色或蓝紫色，那您属冷肤色；如果静脉是绿色或蓝－绿色，那您属暖肤色。

测试要求：

① 在自然光线良好的环境下测试。

② 不要在刚做完运动后或长时间晒太阳后测试，因为剧烈运动或久晒后一些冷色会向暖色转变，但实际上这并非其常态色。

第二步：布料测试

这个测试需要两三位朋友一起互相测试，具体方法如下。

选一块金色布和一块蓝色布，分别试围在被测试者的脖子和肩膀处，观察者站在距离被测试者 1.5 米处观察，如果金色布让被测试者的脸色看起来亲切温暖又光彩照人，而蓝色布让其显得苍白或呈现块状不均匀，那被测试者的肤色一定属暖肤色；如果蓝色布马上提亮了被测试者的肤色，让其脸部看起来干净清秀，而金色布则让其脸色发灰或肤色呈现明显的块状不均匀，那被测试者的肤色一定属冷色。

以下图片是我给一位设计师做的测试记录。

模特 1: 张明花，室内设计师

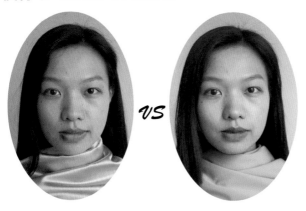

（照片是在同一背景、同一时间段及模特素颜的状态下拍摄的）

哪个颜色更能将您的目光吸引到模特的脸部？哪块布能将她的脸衬托得更美？能突显包括脸形、肤色、五官及神韵的整体美？

我曾经拿着这两张照片询问过 10 位男士和 10 位女士，得到的答案都是"蓝布那张更好看"。因此她是冷肤色。

也可以选一块金棕色的布料和一块黑布，将它们试围在被测试者的脖子和肩膀处。如果金棕色布让被测试者看起来肤色均匀、温暖，相反，黑布料让她看起来非常疲惫和严厉，那她一定是暖肤色；但如果是黑色让她看起来肤色清晰、分明且均匀，而金棕色让她显得老气横秋，且肤色不均匀，那她一定是冷肤色。

模特 2: 陈宁，客服管理

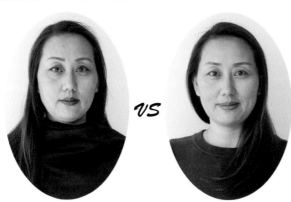

（照片是在同一背景但不同日期的下午时段拍摄的，拍摄黑布时模特画了黑眼线）

　　金棕色使她的脸部线条柔和下来，让人感受到她果断但温暖成熟的一面；黑色使她显得疲惫、严厉得近乎严酷，也容易暴露眼部的细纹，使脸部的棱角更锐利刚硬。毫无疑问，她的肌底是黄色，是典型的暖肤色。

测试要求：

① 这个测试要求在模特真实的肤色状态下进行。

② 测试时模特要保持素颜状态，且不得在刚做完剧烈运动后测试。

③ 如果模特染了与自然肤色不匹配的发色，请用一块柔白的布将头发包起来再测试，避免因为错误的发色得出错误的测试结论。同样，这个测试最好是在良好的自然光线底下进行，因为偏暖或偏冷的自然光或人造光会给一部分肌底色不明显的人带来测试难度。

　　如果您对以上两步的测试结论感到不确定，请启动第三个测试肤色冷暖的步骤。

第三步：化妆品及首饰测试

（1）化妆品测试

　　下面的两种粉底，一种以黄色或金色为主导，另一种以粉红色或米色为主导，将它们涂抹在人的脸上后，效果如下图所示。如果第一种更适合您，那您是暖肤色；如果第二种更适合您，那您是冷肤色。相应地，口红色也跟粉底色一样，适合暖肤色的口红里含有黄色，适合冷肤色的口红里含有蓝色。

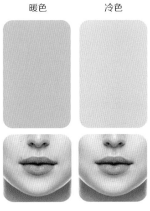

暖色　　　　冷色

暖肌底适合含金色调的暖粉底，冷肌底适合含蓝色调的冷粉底

暖粉

冷粉

冷暖散粉对比图（图片来自网络）

您也可以单独用口红来做测试：下图左边 4 种口红适合暖肤色，右边 4 种口红适合冷肤色。

（左 4）暖肤色人群的口红系列　　　　（右 4）冷肤色人群的口红系列

（图片来自网络）

（2）首饰测试

一件漂亮的首饰是整套服装的点睛之笔。适合您的首饰一定能衬托您的肤色（而不是人衬托首饰），使您更加光彩照人，而不适合您的首饰则会适得其反。如果佩戴金首饰更好看，那么您是暖肤色；如果佩戴银首饰更好看，那么您是冷肤色。

冷、暖肤色首饰参考（左暖、右冷）

记住

一个人真正适合什么颜色是由皮肤的底色决定的。虽然皮肤的表色会因为年龄、日晒和健康等因素而发生变化，但皮肤的底色永远不变，因为这是基因色。

5.2

一步测出您的季节

个人色彩分析将人的肤色分成冷色和暖色，又将冷色分成夏季色和冬季色，暖色分成春季色和秋季色，每个季节肤色的配色组合各有特点。

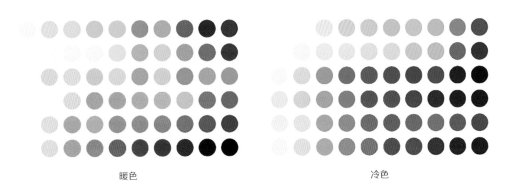

暖色　　　　　　　　　　　　　　　　　冷色

当确定了您的肤色属冷色或暖色之后，接下来要做的当然是确认您的肤色到底属于哪个季节色。

这个步骤的诊断对色彩分析的专业程度或色彩敏感度的要求会更高些，由专业人士做诊断更容易得到精确的答案。当然，您也可以自己一步步探索，因为找对自己颜色的过程就是发现自我的过程，值得去经历！下面为您提供一个自我探索的方法。

如果您穿下面这三种颜色很出彩，那么您的肤色是春季色。

春季色彩的关键词：

春季色彩的特征：

三种颜色从上至下为
暖粉红、芽绿、松石绿

友好、外向是春季色彩的
拟人化特征

适合春季色彩的人其色感
都是鲜艳透亮的

她们的世界没有黯淡沉闷
的颜色

如果您穿下面这三种颜色很出彩，那么您的肤色是夏季色。

夏季色彩的关键词：

夏季色彩的特征：

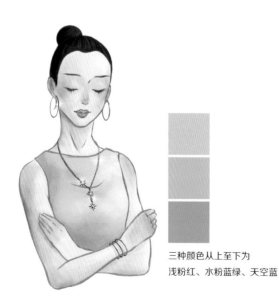

三种颜色从上至下为
浅粉红、水粉蓝绿、天空蓝

这个色盘的所有颜色在
灰度上接近

色彩与色彩之间的对比
柔和

不同于冬季色彩对比分明

如果您穿下面三种颜色更出彩，那么您的肤色是秋季色。

三种颜色从上至下为
正橙色、草绿、水鸭蓝

秋季色彩的关键词：

秋季色彩的特征：

大部分秋季肤色的人喜欢中明度或偏暗一点的颜色，多数颜色属大地色系

如果您穿下面这三种颜色更出彩，那么您的肤色是冬季色。

三种颜色从上至下为
艳粉红、祖母绿、正蓝

冬季色彩的关键词：

冬季色彩的特征：

最忌讳呆板、暗哑的颜色

肤色与染发色

暖肌底人群适合佩戴金色或古铜色的首饰；冷肌底人群适合佩戴银色和灰色的饰品，有的人也可佩戴香槟金（冷金）色的饰品。

一个人的自然肤色、眼睛色和发色是自然匹配的，它们可能会随着年龄的增长而发生一些变化，但变化是整体进行的。如果想通过化妆更好地提亮肤色，并改变头发的颜色以达到更理想的效果，就需要认真选择适合您的发色类别，否则很容易弄巧成拙。比如一个冬季肤色的人染了金棕或红棕的发色，会显得脸色蜡黄或肤色发黑；一个天生金发碧眼的人强行将头发染成黑色，看起来会很刺眼，也很不真实。以下是对染发色的一些建议。

春季肤色的人

- 由于您的天然肤色含有黄底的缘故，很多带黄色底的染发色都适合您。
- 肤色偏浅者，可选择柔黑、浅金棕色（忌讳选择泛白的金色，那适合冬季肤色的人）。
- 肤色偏深者，可选择暗金色、泛红的黑色或深咖啡色。
- 中度肤色者，适合的染发色有中度金棕色、金红色，不适合太黄、太橙或偏灰的色调。

夏季肤色的人

- 由于您的天然肤色含有蓝底的缘故，所有金黄底的染发色都不适合您。
- 肤色偏浅者，适合浅棕色或灰棕色。
- 肤色偏深者，适合深棕色。
- 中度肤色者，中度灰棕色是适合的，可以挑染几缕柔和的金色或偏冷的红色作为亮点，但不适合耀眼的金黄色、红－橙色或黄铜色。

秋季肤色的人

- 由于因为您的天然肤色含有金黄底的缘故，很多带金黄底或金属调的红－橙色系染发色都适合您。
- 肤色偏浅者，适合柔黑色、浅褐色、柔暖金棕色。
- 肤色偏深者，适合深褐色、泛红的黑色、深红色（带有明显的橙色底）。
- 中度肤色者，适合柔和的泛金红色，以及从浅到深的多种黄铜色，不适合太鲜艳的颜色或灰色调的颜色。

冬季肤色的人

- 由于您的天然肤色含有蓝色底的缘故，所有带金黄底或金属调的红－橙色系都不适合您。
- 肤色偏浅者，适合浅灰色、冷棕色。
- 肤色偏深者，适合黑色、白金色、深冷棕色、冷红色（带明显的红－紫色底）。
- 中度肤色者，适合中度浅灰色、银色、中度棕色（相对于偏冷和偏暖的棕色），不适合的颜色有暖金色、黄铜色、各种偏暗淡混浊的金色调。

5.3

如何个性化您的色彩

春

　　对皮肤非常白皙、精致的春季肤色者而言，使用过多鲜艳的颜色，效果会适得其反，比如全套鲜艳的金黄色、黄－绿色、明媚的大红色和紫色等。这些颜色更适合用作点缀色，如作为太阳帽周围饰带的颜色，或作为休闲服饰的用色会更合适。对肤色偏深的春季肤色者而言，整套服饰使用鲜艳的颜色会让穿着者非常出彩，反倒是色盘中最轻浅的颜色类别（有时包括浅驼色）会让她们看起来脸色苍白。轻浅的颜色可以作为肤色偏深者的配饰色，如包、鞋子，还可以在色盘中增加浅铁锈红（相比秋季色盘中较深的铁锈红）及清澈的水鸭蓝（相比秋季色盘中较深的水鸭蓝）。

夏

对非常白皙的夏季肤色而言，如果将很深的颜色作为主色，她需要做"柔和化"的搭配，比如选胭脂红、勃艮第酒红和绛紫浅接近脸部。对肤色偏深的夏季肤色者则相反，这些鲜艳的颜色很适合她们，而且与夏季调色板中那些最柔和的粉彩色搭配时会特别和谐。

秋

对皮肤非常白皙的秋季肤色者而言，过多使用色盘中鲜艳的颜色，如橙色、黄绿色和松石绿色反而适得其反，更适合她的是那些柔和的颜色，如中性色、杏黄色、长春花蓝和翠绿色。但是，对深肤色的秋季肤色者来说正好相反：如果穿这些柔和的颜色反而显得呆板，鲜艳的颜色会更适合靠近她们的脸部，柔和的颜色可用于裙子、鞋子或以图案的方式呈现在衣服上。另外，深肤色的秋季肤色者需要在妆容上通过米色和更柔和的颜色使自己看起来状态更好，比如使用米色的粉底。

对皮肤非常白皙的冬季肤色者而言，冰霜色与深色搭配最为出彩，大面积使用色盘中那些鲜嫩的颜色会削弱其冷艳特质，用于点缀或作为远离脸部的颜色会更合适。比如浓烈的娇艳红粉色会比鲜粉红更合适，正绿、翠绿或松树绿也比浅纯绿更合适。但肤色深的冬季肤色者更适合将鲜嫩的颜色靠近脸部，因为这些颜色比灰和灰褐色一类的浅中性色更适合其肤色。橄榄色皮肤的冬季肤色者，相对不那么适合穿戴明亮的勃艮第酒红、洋红和娇艳红粉。

本节图片来源：PINTEREST

形与色的关系

INTERACTION OF SHAPE & COLOR

　　"我到底是什么脸形、体形啊？怎么听到的信息越多就越困惑！"很多女性都如是说。其实您不用被各种看似复杂的观点所折磨，因为就像成千上万种颜色与红、黄、蓝的关系一样，千变万化的脸形也总有出处：正方形、三角形、圆形。在大自然的各种形状中，严格意义上的规则图形很少，大多属于不规则图形，人的脸形也一样。然而每张脸都有一个主图形：以直线为主，以角为主或者以曲线为主。这一章我们把脸形分成6种，把体形分成5种，您可以根据自己的脸形与体形的主要特征来对号入座，从而找出最能衬托您的颜色与穿衣风格。

6.1

色彩与形状的关联

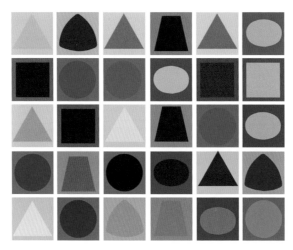

这张拼色图基于伊顿（Johannes Itten）的色彩理论：红色表示正方形、黄色表
示三角形、蓝色表示圆形、橙色表示梯形、绿色表示球面三角形、紫色表示椭圆形。
每种颜色有多种色调的变化。颜色以相应形状显示，能增加其特定的视觉印象。

　　同属一种季节肤色的人，虽然肤色、脸形和体形不尽相同，工作性质、穿衣风
格各有特点，同时每个人的成长环境也会影响到她的主观色彩判断，但她们可以自
由地使用同一个调色板内的所有颜色。在第 5 章的最后一节中，列出了肤色深浅不
同的人在选择接近脸部的衣服时，可以更有针对性地优选方案。这一章我们将进一
步细化：有针对性地根据相应的脸形来选用接近脸部的某些颜色，让您在人生的一
些关键时刻（如面试工作、约会、商务谈判等）拥有更出众的表现力。

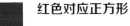

三原色与基础图形关系

色彩教育家伊顿对三原色与三个基础图形的对应关系做出了这样的阐述：

红色对应正方形

红色所具有的高权重感与中等明度的色彩特点，与正方形的平稳、庄严相对等。人类在所有颜色中第一眼看见的颜色就是红色，红色是物质世界的象征，也是对人类最具影响力的颜色。红色是最不容易被改变的颜色，即使与不同的颜色按不同比例混合，得出的结果仍然能很容易地被人看出是红色。

LOHA 建筑作品——美国"红火"公寓（图片来源于网络）

黄色对应三角形

黄色清晰锐利及高明度的色彩特点，低权重感与高扩散度的色彩视觉效应，与三角形给人好斗、有攻击性的视觉特点相对应。黄色是智力的象征，它给人一种传播光明、启迪智慧的感觉。而且黄色是最不容易捕捉的颜色，它随时发生变化，容易跟着光的变化而变化，也容易跟着颜色的变化而变化。

Kkoossino 建筑作品——韩国 MOAI 度假屋（图片来源于网络）

蓝色对应圆形

不同于正方形的平稳、庄严，也与三角形的尖锐紧张感不同，圆形给人一种放松、流畅、聚焦、和谐的感觉。如果说正方形象征着静态的物质世界，三角形象征着辐射状的思想动态，那圆形则象征着人类永恒不息的精神，它是永恒流动的。蓝色也是受最多人喜爱的颜色。

希腊圣托里尼蓝顶教堂（图片来源于网络）

根据色彩与图形的变化规律，我们可以得出以下颜色与相应形状的关系。

正方形 三角形 梯形

（红＋黄＝橙）

三角形 圆形 球面三角形

（黄＋蓝＝绿）

圆形 正方形 椭圆形

（蓝＋红＝紫）

6.2

哪些颜色让您的脸部更有吸引力

适合您的颜色需要实现三个目标

第一，更能衬托您的肤色，让您的肤色看起来更均匀；

第二，使您的脸部更有吸引力（或者更上镜），让人更有耐心聆听您讲话；

第三，将服饰颜色、自然肤色和脸形整体考虑，更能体现您的性情和自然气质。

这三个目标不需要同时实现，但至少实现其中一个。

在色彩的世界里只有三原色的黄、红、蓝不能被改变，其他颜色都由它们演变而来，中性色黑、白、灰的加入使色彩更丰富。人的肤色是中性色，不同的颜色及搭配在身上会有更个性化的体现，特别是结合脸形考量之后。

脸形分类

大自然中严格意义上的红、黄、蓝色很少，同样，严格意义上的正方形、三角形、圆形也很少，更常见的是拥有某个基础图形的主特征而形成的不规则形状，人的脸形也一样。这并非说大多数人的脸形无法定义，可以依照直线与曲线构成的图形特点，将人的脸形分为两大类：直线脸形和曲线脸形。

直线脸形分为三种：方形脸（正方形脸和长方形脸）、三角形脸（倒三角脸和由两个三角构成的菱形脸）、梯形脸（七角形脸）。曲线脸形也分为三种：圆形脸、椭圆形脸、心形脸（一种综合了圆形和三角形的脸）。

暖色（红、黄、橙色系）能让直线脸形更柔和，冷色（绿、蓝、紫色系）能让曲线脸形更分明。

（1）方形脸（正方形脸和长方形脸）

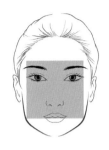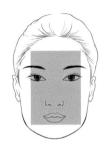

正方形脸和长方形脸基本相同，都是前额、颊骨和下巴较宽，特别是下颌骨呈方形。脸部看起来平坦但整体轮廓很分明。二者不同的是：长方形脸比较长，一般脸长超过18厘米，短于这个长度的属正方形脸。同属一种脸形的人也有线条长短或粗细的不同。

让方形脸出彩的颜色：红色系。

季节肤色	浅肤色	深肤色	备注
春	三文鱼红 珊瑚粉 暖粉红	亮珊瑚红 火热粉红 大红	中等肤色者都可以
夏	粉红 玫瑰粉红 柔美海棠红	玫瑰红 瓢虫红 西瓜红	① 肤色白皙者如果要用深红色接近脸部，可选胭脂红、勃艮第酒红和绛紫； ② 中等肤色者都可以
秋	深三文鱼红	砖红 番茄红 红-橙色	中等肤色者都可以
冬	娇艳红粉 红-紫	鲜粉红 正红	① 肤色白皙者使用合适的红色系时可考虑与冰霜色系相结合； ② 中等肤色者都可以

提示：这些颜色不一定要大面积使用，有时可以是上衣花卉图案的颜色，或一条丝巾、一根发带等的点缀色。

（2）三角形脸（倒三角形脸和由两个三角构成的菱形脸）

倒三角脸的显著特征是额头宽、直，颧骨宽，下巴尖，形成明显的倒三角形。

菱形脸的特征是：颧骨高得棱角分明，额头及太阳穴比较窄，整个脸部的中间部位最宽，形成上下窄、中间宽的形状。

让三角形、菱形脸出彩的颜色：黄色系。

季节肤色	浅肤色	深肤色	备注
春	淡金色	亮金色	中等肤色者都可以
夏	浅柠檬黄		通常夏季肤色的人很少有直线形的脸
秋	金色 杏黄	金黄 深黄	中等肤色者都可以
冬			肤色白皙和中度肤色者可使用柠檬黄，如使用冰霜柠檬黄的话，一定要与深色搭配形成对比才能出彩。深肤色者不建议用柠檬黄，可用正绿色替代

提示：这些颜色不一定要大面积使用，有时可以是上衣花卉图案的颜色，或一条丝巾、一根发带等的点缀色。

（3）梯形脸（七角形脸）

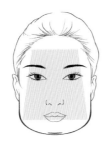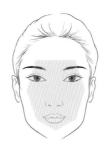

梯形脸的特征也是额头宽、直，但颧骨处会显得特别宽，下颌骨处又呈方形。比梯形脸更为复杂的是七角形脸，它的特点是额头、颧骨构成一个梯形，颧骨到下颌骨又是梯形，再在下巴处形成一个三角形。

让梯形脸出彩的颜色：橙色系。

季节肤色	浅肤色	深肤色	备注
春	杏色 浅橙色	橘红	中等肤色者都可以
夏			夏季调色板里没有橙色，各种丰富的玫红色就是它们的替代色。肤色深浅不同可参照方形脸里的相关建议。夏季肤色的人也极少有直线形的脸
秋	杏黄 正橙色	正橙色 红－橙	中等肤色者都可以
冬			冬季调色板里没有橙色，各种丰富的紫红色就是它们的替代色

提示：橙色是红色和黄色的混合，如果找不到合适的橙色衣服，选择穿偏红或偏黄一些的橙色衣服也不错，但要以暖色作为接近脸部的主色，因为暖色能让脸部线条变得柔和。这些颜色不一定要大面积使用，有时可以是上衣花卉图案的颜色，或一条丝巾、一根发带等的点缀色。

（4）圆形脸

圆形脸的线条柔和、圆润，没有棱角感；通常脸的长度较短，颧骨处比较饱满，面颊和下巴较窄。

让圆形脸出彩的颜色：蓝色系。

季节肤色	浅肤色	深肤色	备注
春	纯清溪水蓝 玉黍螺蓝 长春花蓝 湖蓝	湖蓝 浅纯蓝 天空蓝	天空蓝和湖蓝适合浅、中、深不同肤色者。但中等肤色的人还是要谨慎使用适合肤色白皙者的纯清溪水蓝
夏	粉末蓝 军蓝 青金石蓝	中度纯蓝 灰海军蓝	中等肤色者都可以
秋			秋季调色板中橙色占据了主要地位，因此它的蓝色少得可怜。长春花蓝除了肤色白皙的人能穿外，中等肤色和深肤色者都只能穿水鸭蓝。但也可以说，没有在秋季调色板中出现的各式各样的深蓝绿色，都非常适合圆形脸的秋季肤色
冬	冰霜蓝 正蓝 皇家蓝	鲜青蓝 瓷器蓝	冬季调色板简直是"蓝霸天下"。浅肤色的人用冰霜色的时候一定要搭配深色

提示：这些颜色不一定要大面积使用，有时可以是上衣花卉图案的颜色，或一条丝巾、一根发带等的点缀色。

（5）椭圆形脸

椭圆形的脸通常较小，且比较长，脸部线条圆润没有棱角感，发际线呈弧形，相对而言，颧骨处最宽，前额和下巴都很窄。

让椭圆形脸出彩的颜色：紫色系。

季节肤色	浅肤色	深肤色	备注
春	番红花鲜紫（一种鲜亮的中纯度紫）	肤色过深的话不建议以紫色接近脸部	中等肤色者可以穿比中纯度紫更鲜亮一些的紫色衣服
夏	兰花紫 薰衣草紫 绛紫	薰衣草紫	紫色和黄色是对比色，除皮肤特别白皙者外，中等肤色的人也不建议用绛紫作为接近脸部的颜色
秋			秋季色盘中没有紫色，唯一可充当紫色的就是深长青花蓝（一种蓝和紫的混合色）。所幸的是，秋季肤色的人很少有椭圆形脸
冬	皇家紫 红－紫	肤色很深的冬季肤色者不建议用紫色接近脸部	中等肤色者可穿洋红

提示：紫色是蓝色和红色的混合，也是冷色和暖色的结合。选择偏红（红－紫色系）还是偏蓝（蓝－紫色系）的颜色接近脸部，取决于对场合的判断（比如是出席颁奖晚会还是商务谈判）。这些颜色不一定要大面积使用，有时可以是上衣花卉图案的颜色，或一条丝巾、一根发带等的点缀色。

（6）心形脸（一种综合了圆形和三角形的脸）

心形脸的人有又长又宽的额头，颧骨与下额头的宽度相近。心形脸比菱形脸的下巴稍微突出一些，更窄更尖，但脸部的整体线条是圆润的。

让心形脸出彩的颜色：绿色系。

季节肤色	浅肤色	深肤色	备注
春	芽绿 松石绿 嫩绿	翠绿 嫩绿	中等肤色者都可以
夏	水粉蓝绿	青绿	祖母绿适合所有的夏季肤色。但肤色很深的人要用比较柔和的颜色来搭配祖母绿，如柔白或浅粉红
秋	翡翠绿 松石绿	葱绿 苔藓绿	绿色在秋季调色板中应有尽有，可以自由选择，特别是对于中等肤色的人
冬	正绿	浅纯绿	中等肤色者都可以

提示：绿色是黄色与蓝色的混合，于心形脸的人而言，穿偏黄的绿（黄－绿色系）或偏蓝的绿（蓝－绿色系）效果比较好，选择哪种取决于她们对场合的判断（比如说约会还是去面试工作）。

这些颜色不一定要大面积使用，有时可以是上衣花卉图案的颜色，或一条丝巾、一根发带等的点缀色。

6.3

穿衣风格取决于体形

女性的体形可以根据其身体的形状分为五类：长方形、梨形、苹果形、沙漏形和倒三角形。找到您合适的颜色，再掌握根据您的自然体形来选择合适服装款式的方法，做到扬长避短，您将可以证明：没有丑的女人，只有不会选色穿衣的女人。

第一种　长方形体形的人如何穿衣

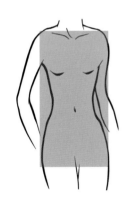

长方形体形特征

① 通常显高、显瘦，并有突出的锁骨。

② 腰围定义不清晰，肩围和臀围大致相同。

长方形体形也称直线形体形，被认为是超模的标准体形。在穿衣时要表现形体的优势，凸显其长腿是关键。

穿衣指导

（1）关于上装（裙装）的穿衣指导

1）营造腰部曲线

上衣或夹克的长度恰好盖过腰部，并在腰际线部分形成一定的曲线轮廓，是让上身显长、突显长方形体形优势的方式。大圆领衫及溜肩装能突显您修长的脖子及锁骨。

2）色彩搭配

长方形体形的人穿衣很容易缺乏变化，为避免这种情况发生，这类人应注意衣服的色彩搭配，要有意识地将上下装的颜色分开，从而让人的注意力能集中在某个部位。最忌讳从头到脚穿同一种颜色，像个方方正正的盒子。

3）衬衣内塞

长方形体形的人腰际线不明显，通常正好位于肚脐处，因此衬衣内塞是其穿衣的通用法，这样能让腰部产生曲线轮廓。另外，可选择衣长正好到腰部的衬衣，也有相同的效果。

4）舍弃肩垫

有护肩垫或造型像盒子一样方方正正的上衣和外套，会使长方形体形者的肩膀看起来更宽。这种体形的人穿线条流畅的上装，能使肩膀和整体躯干的线条更显柔和。

（2）关于下装的穿衣指导

相对于上装的关键是营造腰部曲线，长方形体形者的下装关键是突显修长的双腿。

1）中腰紧身裤

紧身牛仔裤和铅笔裙能突显长方形体形者的腿部优势，并为其增加曲线美。但一定要穿适合这种身材比例的中腰牛仔裤，裤腰正好位于腰围处，能很好地定义其腰部。

2）A 字裙、喇叭裤、牛仔裤

A 字裙和喇叭牛仔裤能为长方形体形者增添宽度，特别是裙围底部和裤腿下方有装饰亮点的，比较有动感。

3）长裙和腰带

穿长及脚踝的长裙，能让长方形体形的人看起来更加修长，凸显其长腿。购买几种不同的中性色细腰带，如棕色和黑色，与多套服装搭配。将腰带用到适合其体形比例的裤子和裙子上，能营造出腰部线条及均衡优美的体态。

避免常见的错误

被视为模特标准体形的长方形体形，需避免穿宽松的没有形状定义的裙装或裤装。如果一定要穿这类衣服，可以穿能在腰部加一根腰带，从而能对躯干做出曲线定义的衣服，搭配与服装风格相衬的个性化项链。

第二种　梨形体形的人如何穿衣

梨形体形特征

① 腰臀处的曲线突出，大腿丰满。

② 胸围小，臀部丰满。

穿衣指导

（1）关于上装（裙装）的穿衣指导

要点：使肩膀看起来更宽。

1）选择鲜艳的色彩和鲜明的图案

对梨形体形的人来说，穿衣的关键是转移人们对其臀部和大腿的注意力，让肩膀看起来更宽阔一些，让胸围看起来更大一些。因此，色彩鲜艳和图案风格鲜明的上装是其理想选择。

2）选择合适的衣领

适合您的是能让肩围和胸围看起来显宽的衣领，如船领、大圆领。心形领也合适，因为它能吸引人对上半身的注意力，从而使梨形体形者的小胸围变得不那么明显。另外，无吊带上装及连衣裙也可以让人的肩和胸的围度显得更大些。

另外，增强脖子周围的装饰感也能在视觉上拉宽肩部，可选择领口上有珠饰、蝴蝶结的衣服，或系上同样效果的围巾。这些装饰件可大可小，它们都是为了完成相同的任务：转移别人对下身的注意力，加强对上身及整个人的注意力。

3）关注合身度

如果穿紧身的上装，要能将腰身收紧，以凸显梨形体形的曲线；如果穿宽松的上装，长度以到髋骨处为佳。重点要关注上装的腰部及肩部，保持下装的宽松度是梨形体形者穿衣的平衡之道。

4）增添层次感

加强上装的搭配层次能使上身看起来更有吸引力，比如衬衣、休闲小西服、背心、披肩和开襟羊毛衫等，配在一起能添加视觉的趣味性。在多层次的前提下想突显腰部的优势，可系一根细腰带。

5）选择宽袖口的上衣

宽袖口（如铃铛袖或和服袖一类）的上装能增添手臂的权重，从而与丰满的臀部实现更好的平衡。有时候将袖子打褶卷起来也能产生相近的效果。

（2）关于下装（裙装）的穿衣指导

要点：使臀部显瘦。

1）坚持深色

深颜色在视觉上能起到缩小比例的效果，又相对容易被人的眼睛忽略，因此下半身穿深颜色可使它不那么引人注意。黑、灰、海军蓝、棕和橄榄绿色都适合作为梨形体形者下装的颜色。另外，该体形适合穿直筒裤或小腿至脚踝处呈微喇叭状的裤形，应避免穿紧身裤或铅笔裤。

2）选择几款得意的半身裙

长及膝盖处或脚踝处的半身裙是梨形体形者的完美选择。应避免穿长度在膝盖以上的短裙，这会刻意将人的视线拉到你身体最宽大的部位上。该体形的人适合穿裙身或裙摆处有褶皱、呈波浪纹的半身裙，或者膝盖下方有珠饰的半裙，应避免穿铅笔形的紧身裙。

3）预备几款不同尺寸的连衣裙

连衣裙是最容易提升梨形体形者满意度的服装，因此您的衣橱里要预备好几种款式不同的连衣裙。连衣裙最重要的是上身的衣领和腰身设计要合身。

避免常见的错误

（1）围绕臀部做装饰

梨形体形的人应避免穿臀部有装饰（无论前后）的裤子，装饰华丽的腰带也同样不适宜，因为会更夸大该部位。

（2）穿长及大腿的上装

对梨形体形者来说，上装长及髋骨处是合适的选择，但一旦长及大腿处就会适得其反，因为它会使其腿部看起来比实际粗，也会使臀部更惹眼。另外，穿露腹的短装也会带来同样的效应。

第三种　苹果形体形的人如何穿衣

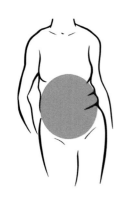

苹果形体形特征

① 肩宽、背宽、胸围大，腰部线条不明显。

② 胳膊和腿比较细，臀部较平。

苹果形体形并非腹部都一定很大，只是整个身体的重心位于腹部区域，或者说这里是其最容易增长体重的部位。

穿衣指导

（1）关于上装（裙装）的穿衣指导

要点：转移对腹部的注意力。

1）凸显胸部

胸围较大是苹果形体形的优点，强化这一点不仅能突出其形体优势，还是分散别人对其腹部注意力的好方式。苹果形体形者适合穿 V 领、低领、无肩带、大圆领的上装或胸部收紧但逐渐向下变宽的衬衣或 A 字连衣裙，因为这些能增大其上身比例并在胸部周围营造吸引力。该体形不适合穿吊带的、高领的、装饰烦琐的上装，露肩或船领的衣服也不适宜，因为这些衣服会让其胸部过于夸张。

2）款式和色彩

① 腰部扎蝴蝶结的衬衣或连衣裙有助于苹果形体形者的腰部线条更明显。

② 上装的长度应盖过髋骨处，也可以穿长及下半身的长衫。

③ 上装的袖口有亮点或袖口外张，肩部有漂亮装饰亮片。

④ 适合苹果形体形的连衣裙很多，如 A 字裙或图案上下连贯的连衣裙。

⑤ 可充分运用色彩的拼接来实现扬长避短，比如连衣裙的腰际两边用深色或黑色，中间部分用浅色或白色，以色块拼接的手法转移别人对腰部的注意力。

⑥ 不要穿凸显腰身的紧身连衣裙，这样很容易引人关注其腰部。可以在连衣裙之上搭配一件敞开式的收腰夹克或开襟羊毛衫等。

3）秀出美腿

　　苹果形体形的人通常有一双轻盈秀美的腿，所以，无论是高是矮，都不要惧怕炫耀您的美腿。可以穿短裤、裸跟鞋或高跟鞋来在视觉上加长身形，使上、下身结构看起来更平衡。但不要穿低腰短裤，这会让身体中部看起来堆积了许多"肚腩肉"，要穿裤腰紧贴腰部的短裤。也不要误以为秀美腿就是穿紧身裤，这会让您的腿部看起来太细而与上身形成对比，给人以失衡的感觉。

（2）关于下装的穿衣指导

1）穿合适的裤子

　　① 适合穿宽腿裤（与较窄的腹部构成平衡）、靴筒裤、剪裁和装饰上有亮点的牛仔裤。

② 适合穿带有后口袋的裤子，能使其较平的臀部更立体，从而分担一下腰部的体量。但应避免穿前面有很多拉链的裤子，这会使别人的注意力更多地集中在其身体的中间部位。

2）穿合适的半身裙

一款合适的半身裙能很好地对苹果形体形者做出优势界定。斜纹短裙、A 字裙或圆形喇叭裙都是这种体形者合适的选择。这种体形者应避免重点强调腰身的紧身半身裙，因为它会让人的目光自然而然地落到其腰部。另外，该体形的人还可以尝试喇叭裙和手帕裙。

避免常见的错误

① 苹果形体形者应避开低腰的短裤或低腰的长裤（指裤腰低于肚脐的裤子），同时要避免高腰或齐腰的短装上衣，因为这些衣服都更容易将人的注意力集中到身体的腰腹部。

② 苹果形体形者应避免整体服饰中有不同的图案出现在腹部区域，因为这会让其腰腹部更引人注目；还要避免用又宽又厚的腰带，最好使用细而深色的腰带，因为后者比较不容易引人注意。

第四种　沙漏形体形的人如何穿衣

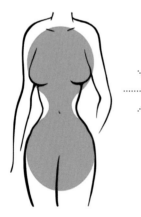

沙漏形体形特征

① 肩围、胸围和臀围尺寸几乎相等，腰部曲线明显。

② 沙漏形体形者最突出的特点是细腰，适合穿能强调腰身却不增加臀部体量的服装，包括任意风格的上装、外套或连衣裙。

有些人的腰部不是特别细，但腰际线明显，依然属于沙漏形体形，在穿衣上也同样以强调腰部为主。

穿衣指导

（1）关于上装（裙装）的穿衣指导

1）突显腰身的穿法

将圆领上装塞入修腰裤或高腰半身裙，是一个很容易实现的强调腰身的穿衣方式。如果出于某些原因，您不愿意或不能穿刻意缩小腰身比例的服装，可选择合身但不太紧身的服装，材质上应偏向有垂感的针织布料、牛仔布料或弹力布料。腰部周围有装饰的短裙、上装或裙装，都能强调沙漏形体形者的腰身。

2）美化胸部的领口

Ⅴ领、圆领、船领都有美化人胸部的功能。无论您对穿衣的态度是保守还是开放，如果您的胸部很丰满，最好选择能形成角度或曲线领口的服装。比如Ⅴ领能让您的胸围看起来更小些，因为尖角领口容易将人的注意力转移至您的腰部；船领和圆领能展现您具有优美曲线的锁骨。

沙漏形体形的人应避免穿马球领、高领或水手领的上装（见下三图），因为这些会让您的胸部看起来更大，影响整体的平衡。

3）不同款式的连衣裙

高腰连衣裙仿佛是专为沙漏体形的您而设计的，其特别能彰显"蜂"腰的特点，让腹部和臀部的线条更流畅。休闲风格的齐膝高腰裙适合您和朋友外出用餐，也适合作为正式的工作装；包裹式连衣裙通常能让沙漏形体形的您看起来更有职业感，而绷带裙则最能完整勾勒出您身体的完美曲线。

（2）关于下装的穿衣指导

1）穿合适的裤子

中腰裤是沙漏形体形者最好的选择，因为这种裤形能让其腰部到臀部之间的线条更流畅。直腿裤或者靴型裤能在视觉上将沙漏形体形者的体形拉长，也就是让其看起来更高。紧贴腰部的连身裤也会让其显得优雅精致。

2）穿合适的半身裙

高腰铅笔裙是沙漏形体形者合适的选择，它的紧身、高腰设计可以突出您的细腰，是您衣橱里的必备款。可以多预备几条不同材质和颜色的铅笔裙，根据不同的场合、不同的着装风格进行多元化搭配。比如今天可以用它来搭配一件雪纺衬衫和一双浅口高跟鞋，明天可以用它来搭配背心和夹克。

避免常见的错误

① 沙漏形体形者应避免穿盒子状、布袋状的服装，上装也不宜穿得太紧，因为过度紧绷的衣服容易凸显人的缺陷。

② 该体形者应避免穿臀部和胸部有额外布料碎片、褶皱或水平条纹的衣服。由于该体形已经很有曲线了，再在这些部位增加额外的亮点只会适得其反。

第五种 倒三角形体形的人如何穿衣

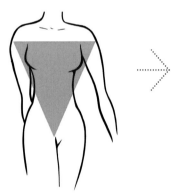

倒三角形体形特征

① 肩围明显比臀围大，胸围也相对较大。

② 腰部的线条不明显，双腿修长。

该体形上宽下窄，要让身材获得整体轮廓的平衡，在穿衣方面应注意三点：第一注意弱化肩膀的宽度，第二注意将腰身体现出来，第三突出臀部和修长的腿。

穿衣指导

（1）关于上装（裙装）的穿衣指导

1）缩小肩宽

① 选择有垂直设计感或竖条纹图案的上衣和外套，从视觉上弱化肩和胸的宽度。

② 让西装外套或夹克尽量不扣扣子或拉拉链，因为敞开式上衣能让上半身看起来更修长。

③ 选择 U 领休闲装和 V 领的 T 恤，避免穿中高领的衣服。

④ 如果想佩戴项链、饰品等，应选择修长的、有垂直设计细节的项链。

2）运用色彩

倒三角形体形者宜穿深色（或低明度）上衣配浅色（或高明度）裙子或裤子。深色上装能淡化其肩膀的宽度，同时上下装颜色的深浅搭配有强调臀围的作用，为臀部额外增加体量感，从而形成上下更为平衡的视觉效果。

3）装饰腰部

运用上衣（如裹身风格的上装）的腰饰或宽腰带一类的物件，将别人的注意力转移至您的腰部以下。

4）舍弃肩带

在正式场合或参加正式活动时，选择无肩带连衣裙或礼服能让您的肩膀显得柔美，并应保持服装领口处和胸围处无或少装饰（下图左）。一定要避免穿吊带连衣裙，因为它会让肩膀显得更宽（下图右）。

（2）关于下装的穿衣指导

要点：加大臀宽。

1）A字裙

臀部收紧、下摆逐渐变宽的A字裙能有效强调臀部并突出修长的双腿，腰部和臀部有醒目装饰线条或图案的A字裙效果更好。半身裙的话，可以选择纹理丰富、有层次、有褶皱感的材质，以增加下半身的体量感。

2）条纹裤

倒三角体形者宜穿有粗横条纹或大胆格纹的裤子。因为这些图案能增加腿部的体量感 。裤形可以是微喇裤、直筒裤，甚至可以尝试气球裤。

避免常见的错误

① 倒三角体形者应避免穿铅笔裙、紧身牛仔裤和锥形剪裁的裤子，因为这些下装会让臀部显得更窄，从而让肩围和胸围显得更大。

②倒三角体形者应避免穿有肩垫及夸张肩部装饰的衣服，因为这会将别人的注意力吸引到您的肩部。另外，也不宜穿船领的衣服、吊带裙或在领口及胸前披一大圈围巾，因为这样都会使上半身看起来更宽。如果想戴围巾的话，宜选择薄而精致的款式。

③倒三角体形者应避免穿竖条纹或垂直图案的裙子或裤子，因为这些图案会让臀部看起来比肩部更窄，从而让整个形体轮廓更不平衡。

四季肤色
案例分析

PERSONAL COLOR ANALYSIS EXAMPLES

　　即使是资深的色彩分析师，仅凭目测也不能精准地判断出一些人的季节肤色。因为有些人的皮肤底色隐藏很深，这类人堪称"变色龙肤色者"，本章的模特冉晓兰就是如此。开始的时候，我被她棕色的眼珠、中等的黄皮肤及染色后的蜜棕色头发所迷惑，以为她是秋季肤色。但当她身穿一件红－橙色毛衣出现在我眼前的时候，我发现这个颜色使她的肤色显得枯黄、眼神显得疲惫，才知道她的肤色是最冷的冬季肤色。本章记录的对四个模特的分析过程与发现，对您进行自我测试具有不同角度的参考价值。

颜色对与错的影响

我们第一眼看到一个人时，会不自觉地先注意她的色彩特征：从眼睛到脸色，然后到着装搭配，这些因素形成我们对一个人的整体印象。

这人的眼神是清澈明亮、温暖成熟还是混浊冷漠？肤色是白皙细腻、健康红润还是暗淡发黄？着装是柔美优雅、质朴自然还是热情奔放？自然肤色决定了您适合穿哪些颜色的衣服、用哪些颜色的化妆品，反过来，您所穿衣服的颜色及用的化妆品对您的眼神及肤色状态，也就是您给别人的第一印象影响很大。

模特：郑雪晶，人力行政主管；自然肤色季节：冬季

暖色服装让她看起来肤色下沉，整个人显得臃肿、老气；冷色服装让她看起来轮廓清晰，整个人显得冷艳、高雅

但是，色彩并非万能工具，也并不能让每个人都变成自己想要的样子。每个人寻找适合自己颜色的过程，都是自我发现的过程。每个人都是独一无二的个体，只需要寻找适合自己的色彩，在每个当下遇见最美的自己就好。这个寻找的过程足以让我们的生命变得多姿多彩、与众不同。

下面的个人色彩分析案例是我在一次为期三天的室内设计色彩培训课程结束后，给几位女学员做的分析诊断。她们的职业是室内设计师，但上课的三天时间里她们很少能穿对适合自己颜色的衣服。虽然我能够通过她们的肤色特征判断出其肤色的冷暖，但具体属于哪个季节要通过专业测试后才能最终确定，而且在诊断过程中，有些人的结果跟我目测时的判断大相径庭。

7.1
春季肤色案例

模特：刘丽萍

 VS

目测的时候我确定她的肤色是暖色，因为她拥有典型蜂蜜暖棕色的眼睛及与眼珠颜色一致的发色。她每天穿着低调的中性色，如柔白的裤子、暖灰的高领毛衣、沙漠棕外套一类；眼神温暖，言语谨慎，沉稳成熟。这些都可完全套入秋季的典型特征：温暖、成熟、含蓄。

所以做测试的当天，我第一时间给她选的布料是秋季的深黄色（上图左）。但发现这个颜色让她的肤色显得暗沉，整个人看起来比真人老气。于是我更换了一块适合春季肤色的亮金布料（上图右），发现她的脸色马上变得明亮了。

也正是在金色布料的衬托下，我第一次发现刘丽萍的自然肤质非常好，金色肌底的浅小麦色细腻透亮。她的肤色和发色都可以用"精致"二字来形容，但因为不会选择合适的服装颜色（比如穿纯白或灰色的毛衣），她的这一显著优点很容易被人忽略。

亮金色不仅将她的皮肤衬托得白皙、健康，而且让人完全注意不到她两鬓处较为明显的青筋，柔化了她下颌两边比较突出的棱角（暖色能柔化人的脸部线条）。

*春季调色板是新鲜、清丽、充满活力的，带有清晰的春天的暖调——翠绿、大红、湖蓝。春季肤色的女人在杏色、暖粉红、珊瑚色、松石绿和长春花蓝的颜色中闪闪发光。

7.2

夏季肤色案例

模特：李筱婷

vs

　　在连续三天的课堂上，我看见她都是使用橘红色的口红，留中分发型，穿暖棕色的外套。橘红色口红乍一看似乎很鲜艳，能转移人们对肤色不均匀的注意，但如果所用的口红颜色无法与使用者的肤色相融合，结果只会更加突显出肤色的不均匀。这就像皮肤颜色深的人使用了很白的粉底，以为能显白，但实际上白粉底只会浮在皮肤的表面，让脸看起来像假的。使用完全不适合自己自然肤色的口红色，结果只是让人关注了口红而不是您本人。依照模特本人的发型及用色习惯，我将秋季的深黄色布料及橘红口红用在她的身上，拍了左面这张照片。

　　静脉诊断的结果显示，李筱婷是冷季肤色中的夏季肤色。这说明橘红、金黄与暖棕色都是她最忌讳的颜色，只会令她的蓝色肌底显得混浊，会放大她的脸色不均匀。蓝灰和灰蓝色系是她的主导色，包容、柔和是她的主性情特质。我让她将头发全部扎起来，露出饱满的额头；再抹掉橘红色的口红，改涂适合夏季肤色的浅玫红色，拍了右面这张照片。

　　瞬间她的脸部轮廓及肤色都清晰起来，前后对比之大，连摄影师也对着镜头大声称赞。李筱婷是典型的小圆脸，没有任何的棱角感，夏季调色板中所有的蓝色都能让她出彩，但因为她肤色属中等偏深一类，所以中度纯蓝和灰海军蓝最能衬托出她的柔美特质。

　　同是室内设计师的张明花也是夏季肤色，与李筱婷不同的是：张明花的自然肤色均匀度很高，脸形也偏椭圆形，因此她能将夏季调色板里的玫红色系和紫色系穿得更浪漫、娇媚。

* 夏季调色板充满了柔和的色彩——从浅到深的冷色调。夏季肤色的女人穿蓝色看起来很漂亮，几乎所有带蓝的颜色都适合她们。夏季调色板上充满美丽夏日的柔和色彩——天空的蓝色、云彩的白色和海洋的蓝绿，融合了夏日花园的色彩——粉红、玫红、淡紫、柔和的紫红、薰衣草紫和西瓜红。

7.3

秋季肤色案例

模特：宋丽

 vs

　　和在第2章中出现过的模特陈宁一样，她们的肤色同属多棱角脸形的秋季肤色。冷蓝色对她们非常不合适，不仅会严重削弱她们的暖黄色肌底从而令脸部显得呆板，同时也让她们的脸部线条显得更僵硬，给人一种拒人于千里之外的强烈感觉。这与她们潜在的温暖、含蓄、成熟的特质背道而驰（左面照片）。

　　最能衬托这种脸形的颜色恰恰是蓝色的对比色——橙色。将冬季的蓝布换成秋季的橙布放到她身上重新测试，再配以适合她肤色的橘红色口红，会有不一样的效果（右面照片）。

* 秋季调色板有着丰富而浓郁的暖色，如黑巧克力棕、深蓝绿（水鸭蓝）、铁锈红和森林绿。秋季肤色的女人在金色、焦糖色、铁锈色、橄榄色、鼠尾草绿等秋天树叶般的大地色中，会显得华贵、美丽。

7.4

冬季肤色案例

模特：冉晓兰

 *vs*

深黄色的布料与橘红色的口红让模特的整张脸浸染了一层金黄色，但您能从她的眼神中感受到浓浓的秋天般的温暖吗？金黄色给她的脸蒙上了金光，却使她的眼珠色泽变得混浊，脸部轮廓显得更大，吸引您目光的是金黄色本身而非模特本人。这足以说明这个颜色不适合她。

但当将冬季的蓝色布料及清晰冷艳的蓝红色口红用到这个模特身上时，您一定和我做测试时一样眼前一亮！因为您首先注意到的会是她清澈的眼睛及轮廓分明的脸（左边的深黄色使她的眼睛变得混浊、脸形显大）。正确的颜色使她冷棕色的眼珠变得清晰。这位模特是具有暖色特点的冬季肤色者，因此饱和度越高的蓝越适合她，因为其更能清晰地对她的天然肤色做出定义。

搭配红与黑的冉晓兰好似一枝怒放的寒梅

冉晓兰的脸形介于方形和椭圆形之间，根据不同场合的需要，穿戴红色和蓝色的服饰能让她非常华丽出众。

* 冬季的调色板上多为戏剧性的黑色和白色，生动的宝石色调——宝石红、祖母绿、皇家蓝、皇家紫、洋红和热粉红。冬季肤色的女人穿戴纯色衣服，看上去雍容华贵、光芒四射。

关于本章图片的拍摄说明：

（1）关于拍摄的背景

全部图片都是在同一天、同一个地点拍摄的，从早上八点到下午四点。由于一天之间自然光线会不断发生变化，上午拍摄的时候有白墙的室内光线很暗，为了保证拍到最接近真实的颜色，不得不搬到用竹子装饰了一面墙做背景的户外去拍摄，因为那个时段那里的自然光最明亮。到了下午一点后，光线发生改变，又只能重新转移到室内。所有的照片都是在自然光线下拍摄的，没有任何专业灯光辅助，也没有经过后期调光和美颜处理，为的是能更好地完成纯粹色彩比对的说明。

（2）关于素颜与化妆

本章有些模特是在纯素颜状态下进行选色的对比，为的是说明适合的衣装颜色对自然肤色本身的影响；有些是素颜与化了妆之后的选色对比，为的是说明化妆对整体着装色彩产生的辅助性影响很重要；有的模特则是经过化妆后才进行选色对比，为的是说明正确使用化妆品颜色与穿衣配色的重要性。

图左至右：冉晓兰（正红）、宋丽（番茄红）、李筱婷（玫红）、刘丽萍（大红）

服装图案与色彩搭配

CLOTHES PATTERN & COLOR SCHEMES

如果您现阶段确实没时间享受每天的服装搭配乐趣，最简单的方法就是：随意穿个人专属调色板里的颜色。另外，我想竭尽所能帮助没时间或无条件钻研颜色的人掌握更快速提升颜值的服饰色彩运用法，因此就有了这一章内容：运用三种颜色对比、一个主图案原则及五种基本配色方案进行服装色彩搭配。一旦您领悟了这些基础的配色奥秘，终有一天能跳出这些基本框架，实现更得心应手的搭配，让妆容服饰成为生活成功的工具。

8.1
配色指引工具——色轮

　　色彩搭配不能光凭感觉，因为感觉就像月亮一样不停地变。感觉好的时候，您可能灵感飞扬，随便抽出衣柜里的几件衣物就有无数种精彩的搭配，甚至因此觉得衣服实在没必要买太多，懂搭配才是关键。但感觉不好的时候，您可能又重新掉入"总感觉衣柜里少了一件衣服"的陷阱。掌握核心的配色技巧能有效地帮助您战胜情绪的负面影响，让您保持穿对的自信。

　　色卡和色轮是科学搭配的重要指引工具。在第 4 章，我们为每个季节肤色各提供了 30 张色卡，在第 1 章中介绍了色轮的构成原理：12 个色族，4 个层次的色彩纯度和明度。下面将春夏秋冬四个季节调色板单独做成季节色轮，方便您直观地理解自己肤色所属季节色彩的色相、纯度和明度；同时将每个季节的中性色单独列出来，用于色彩搭配。

春季色轮

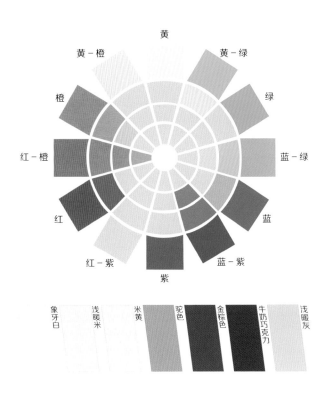

黄	亮金黄
黄 - 绿	嫩绿 芽绿
绿	翠绿
蓝 - 绿	湖蓝 松石绿 纯清溪水蓝
蓝	浅纯蓝 天空蓝
蓝 - 紫	浅海军蓝 玉黍螺蓝 长春花蓝
紫	番红花紫
红 - 紫	无
红	大红 火热粉红
红 - 橙	橘红 亮珊瑚红 珊瑚粉 暖粉红
橙	浅橙色 三文鱼红 杏色
黄 - 橙	淡金黄

说明：

① 色轮上呈现了 23 个颜色，将 7 个中性色列在色轮下方。

② 色轮上的任意颜色跟色轮下方的任意中性色都能搭配。

③ 春季色轮里的红色都含有一点黄。其中红 - 橙色（珊瑚红）最丰富，然后是蓝 - 绿色和蓝 - 紫色，没有红 - 紫色。

④ 布料与纸质的不同，导致同样的色彩在两种介质上有时看起来不一样；而且不同的布料材质会使色彩的呈现存在差异。比色时记住春季色的关键词：温暖、清澈、精致。

⑤ 对着色轮比色时，根据色轮的色相指引对不同色彩的色相归属做判断。

⑥ 根据色轮的关系指引来选择配色方案。

夏季色轮

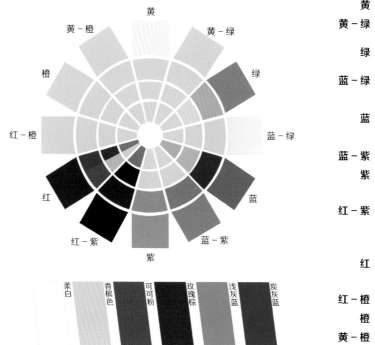

黄	浅柠檬黄
黄－绿	无
绿	祖母绿、青绿 水粉蓝绿
蓝－绿	浅水绿
蓝	中度纯蓝 灰蓝、海军蓝、军蓝 粉末蓝、天空蓝
蓝－紫	青金石蓝、军蓝
紫	薰衣草紫、兰花紫
红－紫	绛紫、胭脂红 勃艮第酒红、柔美 海棠红、木槿紫
红	瓢虫红、西瓜红 玫瑰粉红、粉红 浅粉红
红－橙	无
橙	无
黄－橙	无

说明：

① 色轮上呈现了 25 个颜色，将 6 个中性色列在色轮下方。

② 色轮上的任意颜色跟色轮下方的任意中性色都能搭配。

③ 夏季色轮里的红色都含有一点蓝，红色、红－紫色（玫红）和紫色都很丰富，然后是蓝色和蓝－绿色。但与红－橙色、橙色和黄－橙色无缘，黄色家族里只有一个浅柠檬黄。

④ 布料与纸质的不同，导致同样的色彩在两种介质上有时看起来不一样；而且不同的布料材质会使色彩的呈现存在差异。比色时记住夏季色的关键词：通融、温和、柔美。

⑤ 对着色轮比色时，根据色轮的色相指引对不同色彩的色相归属做判断。

⑥ 根据色轮的关系指引来选择配色方案。

秋季色轮

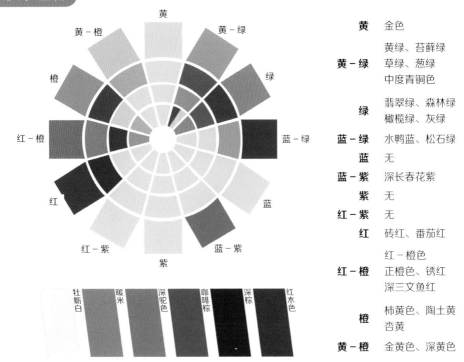

黄	金色
黄－绿	黄绿、苔藓绿 草绿、葱绿 中度青铜色
绿	翡翠绿、森林绿 橄榄绿、灰绿
蓝－绿	水鸭蓝、松石绿
蓝	无
蓝－紫	深长春花紫
紫	无
红－紫	无
红	砖红、番茄红
红－橙	红－橙色 正橙色、锈红 深三文鱼红
橙	柿黄色、陶土黄 杏黄
黄－橙	金黄色、深黄色

说明：

① 色轮上呈现了 24 个颜色，将 6 个中性色列在色轮下方。

② 色轮上的任意颜色跟色轮下方的任意中性色都能搭配。

③ 秋季色轮里的红色都含有一点黄，红色、红－橙色、橙色和金色都很丰富，然后是黄－绿色，各种明亮的、沉稳的黄－绿色都很丰富。但与蓝色无缘，只有深海一般的蓝绿色。

④ 布料与纸质的不同，导致同样的色彩在两种介质上有时看起来不一样；而且不同的布料材质会使色彩的呈现存在差异。比色时记住秋季色的关键词：温暖、含蓄、成熟。

⑤ 对着色轮比色时，根据色轮的色相指引对不同色彩的色相归属做判断。

⑥ 根据色轮的关系指引来选择配色方案。

冬季色轮

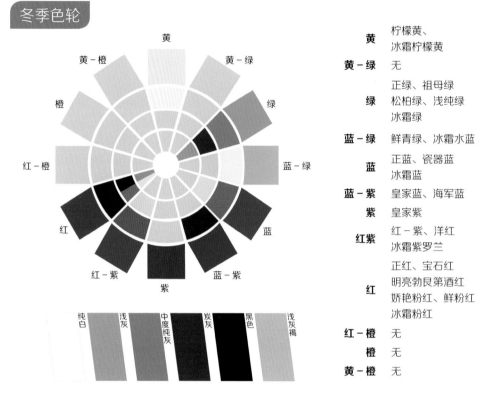

黄	柠檬黄、冰霜柠檬黄
黄－绿	无
绿	正绿、祖母绿 松柏绿、浅纯绿 冰霜绿
蓝－绿	鲜青绿、冰霜水蓝
蓝	正蓝、瓷器蓝 冰霜蓝
蓝－紫	皇家蓝、海军蓝
紫	皇家紫
红紫	红－紫、洋红 冰霜紫罗兰
红	正红、宝石红 明亮勃艮第酒红 娇艳粉红、鲜粉红 冰霜粉红
红－橙	无
橙	无
黄－橙	无

说明：

① 色轮上呈现了 25 个颜色，将 6 个中性色列在色轮下方。

② 色轮上的任意颜色跟色轮下方的任意中性色都能搭配。

③ 冬季色轮的最大特点就是独占黑白和统领海军蓝世界，且很多正色都非其莫属：正红、正蓝、正绿、正紫，但黄色只有柠檬黄。另外，和夏季色一样与红－橙色、橙色、黄－橙色、黄－绿色无缘。

④ 布料与纸质的不同，导致同样的色彩在两种介质上有时看起来不一样；而且不同的布料材质会使色彩的呈现存在差异。比色时记住冬季色的关键词：黑白、鲜明、冷艳。

⑤ 对着色轮比色时，根据色轮的色相指引对不同色彩的色相归属做判断。

⑥ 根据色轮的关系指引来选择配色方案。

8.2
服装色彩搭配三对比

明暗对比

　　围绕您的肤色，如果使用高明度颜色为主色，辅助色就要选用中明度或低明度的颜色。反过来，如果使用低明度颜色为主色，辅助色就应选用中明度或高明度的颜色，这样的搭配才有层次感。

冷暖对比

　　在以冷色为主的配色方案中要适当加入一点暖色做点缀，反过来亦然。点缀色的作用就是画龙点睛，避免孤立地出现一个点，最好能以出现 3 次的方式呈现（如首饰、手包或鞋子），或在一处出现但色彩总占比约 10%。

色相对比

　　色彩不要超过三种，避免色相太多。整体配色通常分主色、辅助色和点缀色三种，或者只分为主色和点缀色两种。在以突显您的脸部肤色为主目标的配色方案中，将接近脸部的颜色定义为主色，因为它是衬托您脸色的关键色。

服饰配图 冬季：海军蓝＋冰霜蓝

　　海军蓝与冰霜蓝的搭配，强调颜色的明暗对比，以此突显冬季肤色所需的鲜明、冷艳特质。

如果您选择"粉红与灰"的搭配，突显的是颜色的冷暖对比。倘若有更严格的追求，可以做一些个性化配色的调节。比如深肤色的人更适合"鲜粉红＋浅灰"，因为深肤色的人更适合将鲜嫩的颜色靠近脸部，用以提升皮肤的亮度；而皮肤白皙的人更适合将浓烈一些的娇艳粉红接近脸部，与白皙肤色形成更强烈的对比。

服饰配图　冬季：鲜粉红＋浅灰（炭灰）

服饰配图　冬季：娇艳粉红＋炭灰（黑）

服饰配图　秋季: 金色（针织外套）+ 牡蛎白（围巾）水鸭蓝（T恤）+ 红木色（长裤）

　　上图的配色方案强调的是色相对比。对于秋季肤色的人来说，通常不需要特别强调颜色之间强烈的明暗对比，色相的丰富更有利于突显秋季人温暖、成熟的特质。

服饰配图　秋季：暖米＋牡蛎白＋翡翠绿

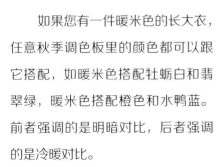

　　如果您有一件暖米色的长大衣，任意秋季调色板里的颜色都可以跟它搭配，如暖米色搭配牡蛎白和翡翠绿，暖米色搭配橙色和水鸭蓝。前者强调的是明暗对比，后者强调的是冷暖对比。

服饰配图　秋季：橙色＋水鸭蓝

服饰配图 夏季：艾绿＋木槿紫

　　艾绿和木槿紫都是夏季调色板里很柔和的颜色，也是一组对比色，搭配在一起突显的是色相对比。但在这里要注意，如果衣服本身的图案比较突出，在色彩搭配上一定要注意节制，比较保险的做法是全身衣物的颜色控制在两种以内，避免颜色与图案争抢注意力。

8.3

服装图案搭配技巧

　　在适合肤色的服装色彩之上增添适当的图案，能让您的整体着装更具韵味，或者说更有趣味性。选择合适的图案，涉及形状和尺寸两个关键因素。

　　图案可以简单分成两大类：一类是圆形的、具有柔软线条的图案；另一类是几何图形的、直线条的图案。前者最为广泛流行的有花卉、圆点、佩斯利和豹纹；后者有条纹（竖条和横条）和格纹。

通常，最保险的搭配方式是同类图案搭配，它们的和谐度往往是最高的。比如下面案例中的圆点和花卉的搭配，条纹与格纹的搭配。

然而，这并非说只有同一类图形才可搭配，比如条纹图案除了可以跟它的同类图案相搭配外，还可以跟任意圆形或软线条的图案搭配（见下图左），是一种融通度很高的图案。然而与它同类的格纹图案则相对融通度低，通常格纹跟许多图案并不容易搭配，但可以跟佩斯利图案搭配（见下图右）。

　　常规的图案搭配上讲究大小尺寸的平衡，稳妥的搭配方法是将小图案搭配小图案或中等图案，中等图案搭配中等图案或大图案（见下图）。

　　除非特殊的风格表达，否则应尽可能避免小图案和大图案搭配，也要避免大图案和大图案搭配（见下图）。

8.4
四种配色方案的应用

在你的专属色盘里，任意颜色均可自由搭配。许多喜爱颜色但因为缺乏经验而不太自信的人，会希望了解一些在色彩搭配上可供遵循的规律，以下四种配色方案是比较常见的搭配方法。

第一种 单色配色方案

定义：指所用的颜色都是出自同一个色彩家族。如案例中的红色系连衣裙案例：上装、下装、鞋子和手包都出自红色家族。这样的色彩搭配方案通常不太容易出错，但对色彩的选择也是有讲究的，比如不要全身颜色都是同一种纯度，或者忌讳所有颜色都用同一个明度。在红色案例中你会看见不同的红：粉红、玫瑰粉红、瓢虫红；在蓝－绿色案例中你会看见浅蓝－绿的松石绿和深蓝－绿的水鸭蓝。

服饰配图 夏季色：粉红、玫瑰粉红、瓢虫红

服饰配图　秋季色：松石绿、水鸭蓝

人的肤色属中性色，有时整套服饰都用彩色也是可以的，但从色彩视觉的美感出发，通常需适当使用中性色作为过渡，避免给人造成色彩疲劳。在每个季节的调色板中，每30个颜色也会分成中性色、基础色和点缀色，用意正在于此。（详细分类请阅读10.1）。

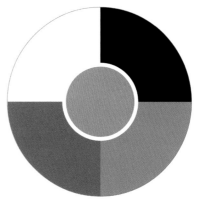

黑色、白色、灰色、米色、棕色被视为中性色的五大类别

在单色配色方案中，运用纯中性色进行全套搭配也很常见。这类可以是低调优雅的，也可以是安全但呆板的，因为没有彩色作为亮点，对整体用色的明暗度要求会更高些。在以下的灰色案例中，你会看到灰褐色、浅灰和炭灰，而不是同一种灰色；而在棕色案例中，你会看到牡蛎白、暖米和咖啡棕。

服饰配图　秋季色：牡蛎白、暖米、咖啡棕

服饰配图　冬季色：灰褐色、浅灰、炭灰

第二种　邻近色配色方案

定义：指所有颜色均出自色轮中彼此相邻近的两个或三个色彩家族。如左侧案例中的颜色搭配，无论是蓝－绿、黄－绿还是绿，它们都含有绿色，因此在色彩关系上是你中有我、我中有你，很容易形成和谐的搭配。

服饰配图　春季色：芽绿、湖蓝、翠绿（衬衣为中性色浅暖米）

第三种　跳色配色方案

定义：指所用的颜色出自色轮中相隔一个色彩家族的两个色彩家族。比如右侧配色案例中的黄－绿与蓝－绿，共同含有绿色；另外一个案例中的红－紫与红－橙，共同含有红色。因此它们搭配起来容易实现和谐的呼应。

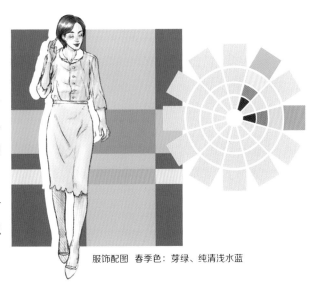

服饰配图　春季色：芽绿、纯清浅水蓝

服饰配图 夏季色：胭脂红；秋季色：橘红

对于将夏季色的胭脂红与秋季色的橘红搭配在一起，你一定会问：这一套到底适合夏季肤色的人还是适合秋季肤色的人？答案是：夏季。因为它的上衣是夏季的，上衣直接靠近人的脸部，对一个人自然肤色的影响最为明显。比如下面这位室内设计师模特为她的一件正绿色的外套做了两种搭配，拍照后发给我并问哪个搭配方案更适合她。

严格意义上讲，正绿属于冬季色，因此它跟黑、白搭配能让冬季肤色的人显得冷艳鲜明、引人瞩目、有先锋感。但这位设计师说她的自然肤色自测结果属秋季。如此一来，这个搭配穿在她的身上就只适合镁光灯下的拍照，倘若在自然光线下就会让她的肤色看起来阴沉、暗淡。相比之下，正绿色和咖啡棕的这个搭配会对她更为有利。

正绿、柔白、咖啡棕　　　　　正绿、柔白、纯黑

模特：徐弥，室内设计师

提示：除非你真的非常了解色彩的属性，懂得如何巧妙地运用颜色来带动颜色，否则最简单有效的方式还是严格穿对你的专属色彩，这也是运用颜色衬托自然肤色更有效的选择。

第四种　对立互补色配色方案

定义：指所用的颜色出自色轮中直接相对的两个色彩家族，比如红和绿、黄和紫、蓝和橙。蓝和橙是最常见的一组表现现代风格的直接互补色配色方案，醒目又时尚。

服饰配图　春季色：浅橙、玉泰螺蓝

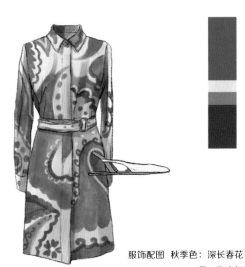

服饰配图　秋季色：深长春花
蓝、陶土红

服饰配图　夏季色：淡粉色、粉末蓝、
浅柠檬黄

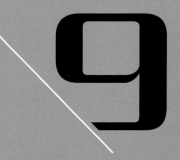

走出色彩误区

CORRECT YOUR COLOR MISTAKES

　　无数女人都是因为两个误区而错过了遇见最美的自己：第一个误区是想方设法让脸显白，第二个误区是不论高矮胖瘦都套一身黑。引用本章模特之一陈萍萍的话作为本章的引言："以前我特别羡慕那些肤色白的女生，觉得她们穿什么颜色的衣服都好看，而我因为肤色较黑，永远只敢穿黑白灰。现在发现原来金黄色、珊瑚红、松石绿……所有这些颜色其实我都能穿，色彩让我走进了生命的春天！"

9.1

黑色误区

每个人在找到自己合适的色彩之前可能都有一柜子的黑衣服，这一点在所有国家都一样，因为大部分人认为黑色是百搭色、气质色，而且大家相信：黑色能使人显瘦。但是，穿黑色使人显瘦跟涂白粉底能让人显白是一个逻辑，而且都是错误的逻辑。

模特李萧颖，室内设计师、大气的军嫂。她说"我穿黑色是为了显瘦"。而事实是，黑色并不能让她显瘦，反而让她看起来很老气和沉重（有时候这跟胖的效果是相近的）。她又说"黑色至少能让我显白"。然而她根本不需要刻意使用任何颜色来显白，因为她的肤色本身就已经很白了。她是春季肤色，要做的是穿自己合适的颜色，正确导出她的自然特质：外向、亲切、可爱。一个人的自然特质是不变的，但体重会变化，穿对颜色让自己获得更多自信心，这也是让人保持正常体重的一种途径。

左图是黑色织物搭配冬季正红色口红，右图是春季的湖蓝织物搭配春季的亮橘红口红。哪张照片能让不认识她的您更能感受到她亲切、可爱的特质？

同是春季肤色的模特陈萍萍（在第 3 章中出现过），跟李萧颖在外形上差别很大。她体态娇小，肤色较黑，涂上白粉底并不能让她的肤色显白，暗度跟黑色接近的深绿色只会让她的脸色显得更暗。换上金色的粉底及精致的浅金色衬衣后，她温暖的春季特质马上就流露出来。（该模特的详细分析请阅读第 3 章第 2 节《女人为什么喜欢化妆》）

但这并非说春季肤色的人穿黑一定很丑。如果人的长相不丑，衣服也不丑，结果肯定也不丑，可我们追求的不仅仅是"不丑"，而是"更美"。比如上图中的模特唐耿芳的脸形为长椭圆形，拥有精致的五官和充满运动感的苗条身材，她穿黑色在镜头下不难看，在现实中也不丑，却不能恰如其分地展现她春季肤色的显著特点：热情、精致。左图、右图都是除口红外未经其他化妆的素颜照，而且用的是同一支口红，是不是右图中的她更吸引人。

黑是冬季调色板里的主要中性色，其他三个季节肤色的人穿黑色一概不是最佳的选择，因为每个季节都拥有自己专属的中性色，如春季的金棕、夏季的炭灰蓝、秋季的咖啡棕，它们都是与专属调色板内的颜色搭配最为和谐的选择。当然，如果非冬季肤色的您有时想穿一下黑色，以下为您提供几种不同的黑色。

下面 4 张图是从四季调色板中选出各季节的常用代表色与不同的黑色组成的参考图。

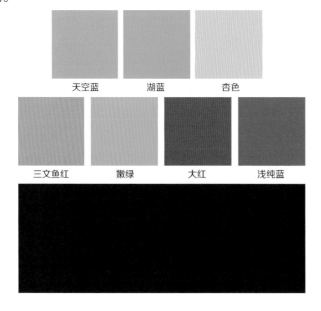

黑色下方潜伏着绿，
适合春季肤色

参考潘通色号
PANTONE5463C

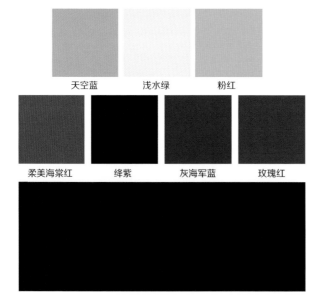

黑色下方潜伏着蓝，
适合夏季肤色

参考潘通色号
PANTONE7547C

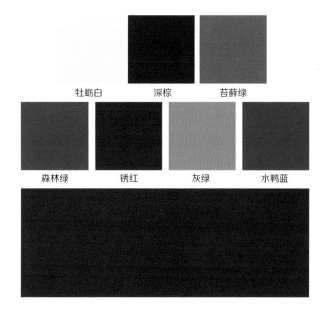

牡蛎白　　深棕　　苔藓绿

森林绿　　锈红　　灰绿　　水鸭蓝

黑色下方潜伏着红棕，
适合秋季肤色

参考潘通色号
PANTONEBlack 5C

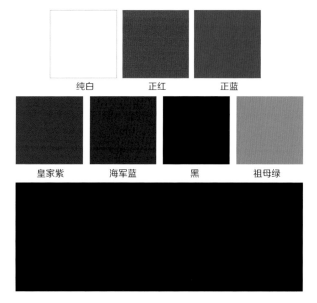

纯白　　正红　　正蓝

皇家紫　　海军蓝　　黑　　祖母绿

冬季调色板中的纯灰

注：这个黑色是出自冬季
调色板的纯黑，相比分别
适合春、夏、秋三季的黑
色而言，纯黑是 100% 的
黑，里面没有掺杂其他的
色彩。

9.2
冷暖误区

在刚刚接触四季色彩学的时候，不少人会有这样的疑问：如果我是暖季肤色就不能穿冷色吗？或者反过来，如果我是冷季肤色就不能穿暖色吗？

每个季节都有冷色，比如蓝色。暖季中，春有湖蓝，秋有水鸭蓝，冷季中，夏有浅纯蓝，冬有海军蓝。只不过适合秋季肤色的人穿的蓝（冷色）的种类最少，而适合冬季肤色的人穿的蓝（冷色）的种类最多。

春：湖蓝　　秋：水鸭蓝　　夏：浅纯蓝　　冬：海军蓝

每个季节也都有暖色，比如红色。暖季中，春有橘红，秋有锈红。冷季中，夏有玫瑰红，冬有明亮勃艮第酒红。只不过适合秋季肤色的人穿的暖色种类是最多的，而适合冬季肤色的人穿的暖色种类是最少的。

春：橘红　　秋：锈红　　夏：玫瑰红　　冬：明亮勃艮第红酒

　　每个调色板都可以有足够多的冷暖配色方案，暖季的春季有大量的蓝和绿，冷季的夏季有大量的红与粉红。秋季有牡蛎白、松石绿、水鸭蓝，冬季有正红、宝石红、明亮勃艮第酒红和娇艳粉红。每个季节都有足够的颜色搭配出更适合您自然肤色的冷、暖配色方案。

　　请参考以下四个季节的冷暖搭配。

珊瑚红 + 湖蓝

玫瑰粉红 + 瓢虫红 + 粉红

芽绿 + 湖蓝

粉末蓝 + 青金石蓝

SPRING

SUMMER

春

夏

秋
AUTUMN

牡蛎白 + 水鸭蓝

冬
WINTER

正橙色 + 水鸭蓝

海军蓝 + 冰霜蓝

正红 + 纯白

9.3

染发误区

　　我们可以通过化妆优化自己的肤色，也可以通过染发使肤色看起来更好，比如肤色很深的秋季肤色的人可以通过小麦色粉底让脸色显得更柔和，同时将粗黑的头发染成暖棕褐色，使整体的妆容效果更明显。不一定非要改变发色，因为一个人自然的发色与她的肤色和眼色是匹配的，但如果决定做优化的选择，就一定要选好正确的颜色。我们只能选择更适合自己肤色的染发色，而不能通过改变发色来改变自己的自然肤色。

　　模特糖糖是冬季肤色，拍照的时候是纯素颜状态，但不小心将一头长发染成了秋季的暖金棕色。当将秋季的深黄色布料接近她的脸部时，会把她白皙的皮肤映照得偏黄，从而加深了其脸部雀斑的颜色，也让脸上的细纹（如法令纹）更明显，看起来满脸倦怠和疲惫。静脉诊断过后我发现她是典型的冬季肤色，于是重新给她披上黑色的布料，再随手拿一顶黑色的帽子（也可以是一块黑布或白布）将她的暖金棕色头发遮盖起来（右图）。她标致的脸部轮廓马上成为全场焦点！黑色将她的肤色衬托得明晰清澈，取代疲惫神色的是一种柔美动人的冰雪气质。而糖糖说她的自然发色就是黑色。

在第 5 章的第 2 小节中，对冬季肤色者提出了以下建议。

由于天然肤色含有蓝色底的缘故，任意带金黄底或金属调的红－橙色系都不适合。肤色偏浅者，适合浅灰色、冷棕色；肤色偏深者，适合黑色、白金色、深冷棕色、冷红色（带明显的红－紫色底）；中度肤色者，适合中度浅灰色、银色、中度棕色（相对于偏冷和偏暖的棕色）。不适合的颜色是暖金色、黄铜色、各种偏暗淡混浊的金色调。

显然，浅肤色的糖糖适合冷棕色的染发色，忌讳暖棕色。以下是冷棕和暖棕的示意图。

冷色调　　　　　　　　　　　　暖色调

9.4
制服误区

　　我清楚地记得中学时代的校服是一组冬季调色板里的颜色：纯白和瓷器蓝。要实现我那个穿一身"葱绿＋咖啡棕"校服的梦想，估计会非常困难。当然，现在我知道了，对于冷季肤色的人而言，葱绿＋咖啡棕给她们留下的阴影，不亚于"纯白＋瓷器蓝"留给我的那些晦暗无光的校园记忆。现在我也知道了，用纯白＋瓷器蓝做校服其实是少数服从多数的结果，因为它们显然特别讨好冬季肤色的人（也许我们很多人都不相信，其实黄种人和白种人一样，很多人都是冬季肤色），而且也不太得罪夏季肤色的人，洗的次数多了，和夏季的柔白和中度纯蓝很接近，特别是配上鲜红的红领巾之后，春季肤色的人也讲不出反对它的理由，毕竟浅纯蓝和浅海军蓝在春季调色盘里也占有一席之地。唯独对秋季肤色来说，它是尴尬的，瓷器蓝跟水鸭蓝相差很多，这组配色无论如何都很难与"温暖、成熟"相符，它原本也不具备表达这种气质的功能。

　　作为一个典型的秋季肤色者，我想呼吁：如果用"柔白＋灰海军蓝"做校服的话，多一份夏季颜色的通融和温和，会是一组更能顾全四季肤色的选择。

纯白＋瓷器蓝＋正红
这个色彩组合仅在冬季肤色的人身上最讨巧

柔白＋灰海军蓝＋正红
这个色彩组合在夏季肤色的人身上最讨巧，但
其他三种季节肤色的人也适合

　　相比纯白和瓷器蓝的中学校服，统一的黑白配工作制服更是无情地削弱了大多数人的自然本色。我们常常忽略光和色对人的自然肤色的影响。我们希望员工在工作的时候是没有个性的，但忘了一点：没有个性就没有独特的创造性。错误的颜色更容易让您看见对方不足的一面，比如很多员工常常被套上"脸色不好，心态不好，态度不主动积极"之类的帽子，实际上可能是身上的制服让她看起来脸色暗淡而让人误解。而正确的颜色则更容易让人看见她们的优点，从而帮助她们获得更多的自信及成长的机会。

　　前文出现过的模特唐耿芳，在汽车 4S 店从事 VIP 客服工作。黑白制服容易让她看起来神态疲惫，特别是长时间在冷白的人造光源下工作时。黑与白的对比分明，削弱了她天生一头浓密棕褐色秀发及同样棕褐色眼睛的温暖特质，让她的脸看起来绷得很紧，拉得更长，从而显得头很重，因此容易看起来很疲惫（这种情况在这类女性 35 岁之后会更明显）。实际上春季肤色的她肤质健康、肤色均匀，只需稍将鲜亮一点的颜色靠近她的脸部，比如春季的松石绿，她的整个面容看起来就会非常不同。

给她披上湖蓝色的织物，在素颜的情况下，为其涂上浅橙色的口红，就会让她看起来亲切度很高，这是评估她工作的一项重要指标。

统一制服是为了营造整体、统一的形象，某种意义上说，制服是传递企业文化的一个重要载体，也是对员工行为的一种约束。因此在主色调上通常以低明度的冷色为主，如黑、灰、蓝，常搭配白色衬衣。这些颜色对冬季肤色的人而言总是合宜的，却对其他三个季节肤色的人形成不同程度的不公平，特别是秋季肤色的人。作为企业最重要的资源成本，员工因为必须每天穿着不适合她们肤色的制服工作，使得形象分降低，潜在地影响了他们的工作积极性，压制了他们的创造性，这对企业将是一种无形的损失。

在四季调色板中，有些颜色可供四季肤色共享，比如春季的浅暖米色（由少量灰混合米色而成）、冬季的灰褐色（由大量灰混合少许米色而成）、夏季的柔白（白里混合极少的米色）、春夏两季的天空蓝（大量蓝里含点绿）、夏季的西瓜红（大量红里含点蓝）、冬季的正绿（一半蓝、一半黄）等，只要加上一点季节的颜色与它们搭配，就很容易表现出该季节的色彩特征。

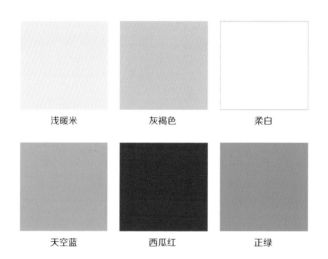

浅暖米　　　　　　灰褐色　　　　　　柔白

天空蓝　　　　　　西瓜红　　　　　　正绿

可以根据行业性质的不同选择有代表性的外套颜色（在纯黑、灰、蓝里尽可能选用带中间灰度的黑、灰、蓝），而接近脸部的衬衣或毛衣应选用四季共享的颜色。另外，女士用的丝巾或男士的领带应允许使用适合自己的颜色。

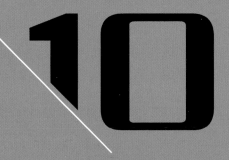

辨别适合您的色彩

IDENTIFY THE MOST FLATTERING COLORS

　　室内设计用色比个人穿衣选色的自由度大，因为室内配色的主体是空间，而个人穿衣配色的重点是如何能更好地衬托出人的肤色。有些配色方案从色彩理论上讲是和谐的，但用在某个人身上却未必合适，不是使观者过分关注了色彩而忽略了人本身，就是对色彩产生了误解。实际上没有一个颜色是丑的，关键是穿在谁身上。同样，没有一个人的衣橱什么颜色都能放，这只会无限增大您每天穿衣配色的难度，从而使您觉得衣橱里永远都缺少一件衣服。可问题的解决的办法绝不是又去买新的，而是要学习辨别哪些色彩适合您。

10.1

打造您的理想衣橱

　　我们通常将常见 30 种颜色分成三大类别：中性色、基础色和点缀色。下面介绍如何将它们运用于你的衣橱中。

　　中性色：中性色是衣橱里的万能色，可以是西装、夹克等外套的用色，也可以是基础款连衣裙的用色，还可以是半裙、裤子、鞋子和包的颜色。无论您属于四季肤色的哪一种，中性色都会是您衣橱里必不可少的颜色。您的专属调色板里的中性色都是适合靠近您脸部的用色。

　　基础色：基础色是衣橱里的多功能用色，可以和任何颜色相搭配。基础色和中性色一样，可以单独用作西装、夹克、基础款连衣裙的颜色，也可以和中性色综合在一起使用，比如中性色外套上面的条纹图案色。您的专属调色板里的基础色都是适合靠近您脸部的用色。

　　点缀色：点缀色是能让您的衣橱变得丰富多彩的颜色，可以用做衬衣、T 恤、丝巾、短裙等的颜色。点缀色适合与中性色或基础色搭配使用，以适应不同的场合，或是以图案的方式出现在中性色和基础色之上。

下图为秋季调色板中中性色、基础色和点
缀色的搭配方案。

基础色：金色针织衣
点缀色：水鸭蓝 T 恤衫
中性色：红木色长裤

中性色：驼色大衣＋牡蛎白针织衣
点缀色：翡翠绿长裤

中性色：牡蛎白衬衣＋咖啡棕夹克＋暖米紧身裤

下面是四个季节色彩的三分类图示。

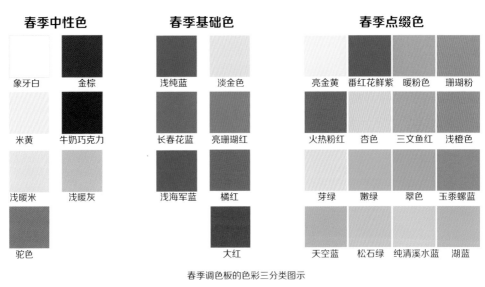

春季调色板的色彩三分类图示

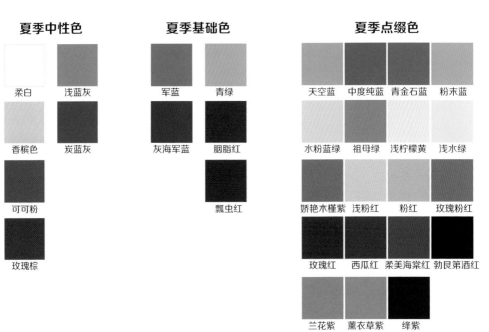

夏季调色板的色彩三分类图示

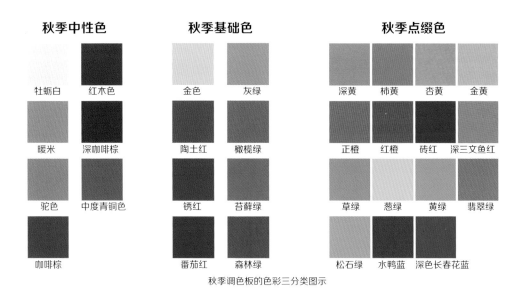

秋季调色板的色彩三分类图示

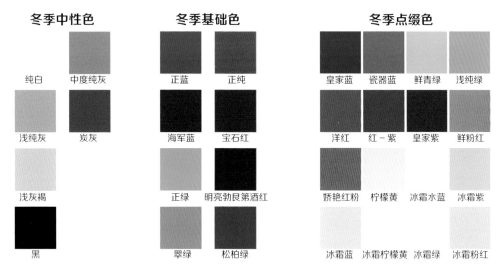

冬季调色板的色彩三分类图示

10.2

色相近，神相远

　　《三字经》中说"性相近，习相远"，意思是说每个人（或生命）先天具有的纯真本性，互相之间是接近的，而后天习染积久养成的习性，却互相之间差异甚大。这个道理在色彩中也有相通之处，我将其概括为"色相近，神相远"。比如红色，加灰、加黑或掺入了一点其他颜色后，会与原来的正红色不同，也许单独看它们的时候好像差不多，但实际放在一起对比时差异会很明显。下面是适合四季肤色的红色的特点。

春　适合春季肤色者的红色可以是橘红，也可以是明亮鲜艳的大红。但暗红会让她们显得苍老，因此要尽量避免暗红色接近她们的脸部。

夏　适合夏季肤色者的红色包括玫瑰红到西瓜红再到瓢虫红，她们可以用胭脂红、绛紫到勃艮第酒红及所有的酒红色，但跟冬季肤色者的酒红有所不同的是，夏季肤色者的红色要么明亮清晰（如玫瑰红和西瓜红），要么有点灰暗。

秋　秋季肤色者可以穿戴任意偏橙色的红色，从鲜艳的正橙色到红－橙色，再到有怀旧感的砖红及较暗的番茄红。她们的红色也可以接近棕色，如近似褐红色的锈红和陶土红，但要极力避免勃艮第酒红，因为后者含有过多的蓝色底，对秋季肤色者而言过冷了，容易过分暴露其脸上的线条（皱纹）。

冬 适合冬季肤色者的红色是正红色或含蓝底的勃艮第酒红色。要再次强调的是，与夏季肤色者适合暗沉或泛棕色调的酒红不同，冬季肤色者适合清、锐、亮的酒红色。

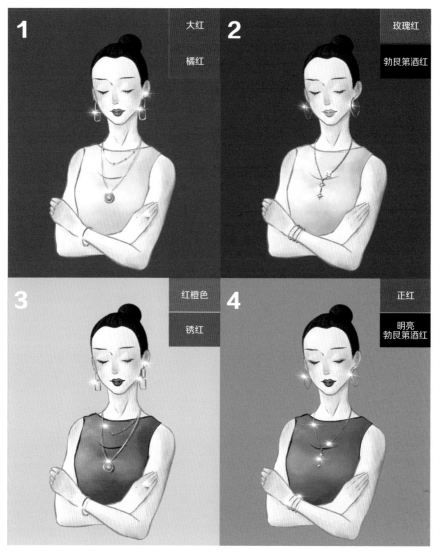

图1、2、3、4分别是春、夏、秋、冬季肤色适合的红色

如果想穿这样一套衣服：上身是红色休闲外套搭蓝色针织毛衣，下身是白色裤子。那么应该如何选色才能更好地突显肤色呢？下面我们来模拟一个选色的过程。

（1）先从四季调色板中选出四个代表性的红色：

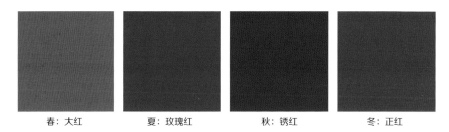

| 春：大红 | 夏：玫瑰红 | 秋：锈红 | 冬：正红 |

（2）再从四季调色板中选四个蓝色：

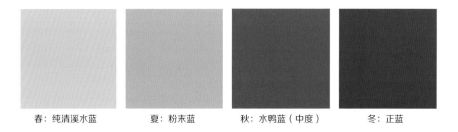

| 春：纯清溪水蓝 | 夏：粉末蓝 | 秋：水鸭蓝（中度） | 冬：正蓝 |

（3）最后从四季调色板中选出四个代表性的白色（中性色）：

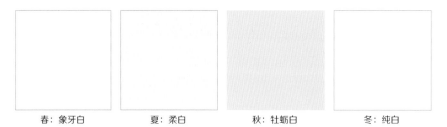

| 春：象牙白 | 夏：柔白 | 秋：牡蛎白 | 冬：纯白 |

根据四季色彩学的指引，得出以下四个配色方案。

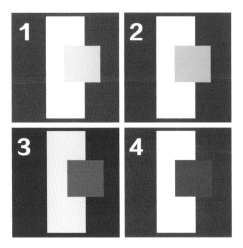

图1、2、3、4分别是春、夏、秋、冬四个红＋蓝＋白的配色方案

　　如果您想尝试随心所欲的搭配，如下图的图1（冬季的纯白搭配秋季的锈红与水鸭蓝）和图2（秋季的牡蛎白搭配冬季的正红和正蓝），效果如何呢？请您将图1和图3做对比，会发现，从色彩明暗度的角度看，图1的纯白会显得很突兀。再将图2和图4做对比，会发现，从色彩的饱和度上看，柔和的牡蛎白因暗沉而与正红和正蓝格格不入。

现在提出一个问题：如果从色彩本身的明暗度比对来说，您觉得锈红＋水鸭蓝配牡蛎白和谐，还是锈红＋水鸭蓝配纯白和谐？同样，您觉得正红＋正蓝配纯白和谐，还是正红＋正蓝配牡蛎白和谐？也许很多人能在这个环节得出肯定答案，但假如您对自己的答案有些犹豫，那我们再来看看以下的对比。

提问： 如果您和上图的模特一样是秋季肤色，您觉得裤子用左边的牡蛎白更能整体衬托您"温暖、含蓄、成熟"的特质，还是用右边的纯白色？

分析： 虽然裤子的颜色并不直接影响脸部肤色，但从整体的色彩和谐度上看，纯白色跟同样带有灰度和色中色的锈红、水鸭蓝并不适配。而如果您用纯白色做上衣直接靠近脸部，效果会更糟糕，因为纯白色与拥有金色肌底、适合佩戴金色首饰的秋季肤色完全格格不入。

提问： 如果您和上图的模特一样是冬季肤色，您觉得裤子用左边的白色更能整体衬托您"黑白、鲜明、冷艳"的特质，还是用右边的牡蛎白？

分析： 虽然裤子的颜色并不直接影响脸部肤色，但从整体的色彩和谐度上看，含有灰度和橙黄色底的牡蛎白跟不含任何杂色的正红、正蓝并不适配。而如果您用牡蛎白做上衣直接靠近脸部，效果会更糟糕，因为暖黄的牡蛎白与拥有蓝色肌底、适合佩戴银色首饰的冬季肤色完全格格不入。

以上是秋季肤色与冬季肤色的配色效果比对，可以说明每个季节调色板的颜色都是经过千挑万选、深思熟虑后的结果，是卡罗尔·杰克逊（Carole Jackson）总结了前辈的发现与实践成果，并结合自己的研究所做出的决定，也是将科学色彩导入实用功能领域的一个成功案例。

10.3

是颜色衬人而非人衬颜色

如何分辨一个色彩是否适合您？答案是回答三个问题：您是哪个季节的肤色？这个颜色属于哪个季节的颜色？它要跟哪些颜色搭配在一起？这三个问题的答案决定了这个颜色是否适合您。

值得提醒的是：如果有人夸奖您穿的颜色好看，那并不等同于夸奖您本人好看。可能该颜色正好是夸奖者的主观色，是他喜爱的，但这个颜色不一定让您本人看起来状态很好。穿在身上的衣服颜色是用来衬托您本人的，而不是您为颜色做衬托，任意配色方案都是以您的肤色为中心而展开的，就像插花师为不同颜色的鲜花选择更能衬托它们特色的花瓶。

适当运用颜色进行美妆，让自己的五官看上去更对称，肤色更均匀；也可以适当运用颜色让自己看起来更平和、稳重或更立体、更有动感。

如果您想让自己看起来更立体，就加强色彩搭配的明暗对比，或在色相上加强冷暖对比（比如使用对比色配色方案）；如果您想让自己看起来更平和、亲切，就多用暖色，同时降低色彩搭配的明暗对比，或在色相上减弱冷暖对比，可以使用单色配色方案或邻近色配色方案（有关配色方案请阅读第8章）。

模特： 张思敏 室内设计师

　　她身材高挑，皮肤白皙，是冬季肤色。很多类别的颜色都适合她，包括春季的金色、秋季的暖米色，特别是夏季的深蓝色。其肤色适合这么大跨度的颜色是幸运的。但她是典型的高冷性格，对自己的要求非常严格。她希望自己的脸部看起来更立体，还征求我的意见说：有一位朋友建议她去把鼻子垫高，说这样能让她的脸看起来更立体。我建议她不要轻易这样做，因为她的自然条件已经很好，而且鼻梁的高度恰到好处。如果想让脸部显得更立体的话，用对颜色就可以实现。

　　左图是张思敏在素颜状态下披着春季金色织物的效果，因为她的肤色是冷肌底的缘故，金色容易让她脸上根本不明显的浅淡斑点变得明显，也容易让其脸部轮廓显大，从而更难实现她想要的立体感。

　　右图中她换披上了冬季蓝色织物，口红用更能表现她高冷特质的梅子红，并稍微露出一点额头，这样使她看起来肤色均匀、脸部对称、轮廓分明，很容易让人的眼光聚焦在她的脸部中央。她肩膀偏窄，最适合接近她脸部的颜色是冰霜色系的颜色（包括纯白和冰霜调的灰）。其与最暗的深色（黑色、宝石红、海军蓝、松柏绿）搭配，可形成强烈的对比，既能清晰突显她的脸部轮廓，又能使其看上去更沉稳、更有说服力。这是她想要遇见的自己。

10.4
重申四季肤色特征

春季肤色特征

　　肤色浅的人，眼睛和头发的颜色也很浅；肤色深的人，眼睛和头发的颜色都很深。她们基本没有模糊的中间状态，一切指向清晰明了，而且基本性格特征是外向的、热情的。适合她们的颜色也同样如此：没有轻淡柔和的粉彩色系，没有含中间灰度的温和色系（有人称这种颜色为莫兰迪色系），没有含蓄成熟、不容易引人注意的大地色系。春季肤色适合以鲜艳的纯色为主导，是四季肤色中唯一能将松石绿色和桃色穿出精致美感的肤色。容光焕发可用于形容她们的最佳状态。

夏季肤色特征

　　肤色浅的人，眼睛和头发以淡褐色为主；肤色深的人，眼睛和头发以灰褐色为主，虽然不是绝对的，但既拥有白皙的皮肤又拥有黑眼睛和黑头发的人比较少，因为这种强烈对比不符合其特质，因此黑白配对于她们毫无吸引力增值的空间。通常她们的发质都比较柔软。她们的另一个特点就是不经晒（一晒太阳就容易长斑）。大量含中间灰度的颜色是夏季肤色的主导色，夏季肤色也是唯一能将玫红穿出高雅感的肤色。温柔优雅可用于形容她们的最佳状态。

秋季肤色特征

　　秋季肤色的人是最经晒的一类人，多用小麦色、暖棕褐色来描述其健康的肤色状态。这类人通常具有少年老成的特点，有敏锐的观察力又不容易被人察觉，适合她们的颜色都是由许多颜色恰到好处地融合而成的。适合她们的颜色华丽又含有中间灰度。大地色系是秋季肤色者的主导色，柔美的粉红和理性的深蓝于她们是禁忌，但橙色的温暖与炽热只能出自她们的本色演绎。华美大度可用来形容她们的最佳状态。

冬季肤色特征

　　肤色浅的冬季肤色者，眼睛和头发会很黑；肤色深的冬季肤色者则许多在中年前就长了很多白头发。冬季肤色者穿的衣服特别适合黑白配或冰霜色与深蓝色的搭配。各种正色（正红、正绿、正蓝）都可成为冬季肤色者的主导色。白是所有有彩色消失后的颜色，黑是所有有彩色混合后的颜色。高傲冷艳的冬季肤色者容易成为时尚的引领者。在各人种中，冬季肤色者很多，也许这就是绝大多数人在找到自己所属的季节肤色前，都在柜子里塞满黑、白、蓝色衣服的原因。

11

着装要了解的
色彩心理学

CLOTHING COLOR PSYCHOLOGY

　　色彩心理学研究的是色彩对人类行为的影响因素，它或许不是决定性的，但是具有有效性。比如食物色彩对食欲的刺激，人在不同年龄段会下意识地选择一些颜色来安抚自己等。掌握一些基本的穿衣色彩心理学，根据不同场合选择更能让自己在环境中脱颖而出或与环境相融的颜色，有百利而无一弊。每当我给学员们上课的时候，我会穿戴适合自己肤色的金色，因为在颜色的意义上，金色有慷慨给予、与他人分享智慧、知识和财富的含义；而在喜庆的社交场合，我喜欢穿红色，不仅因为在形与色的关系上，红色最容易将人的目光吸引到我的脸部，也因为在颜色的意义上，它充满能量和激情。

11.1

红色

红色是充满能量、激情、雄心和决心的颜色，也是充满愤怒和强烈欲望的颜色。

红色赋予人温暖和积极的联想，跟人类的身体需求和生存意识有关，具有阳刚之气，激励我们采取行动。

红色也是意志坚强的象征，可以给那些害羞或缺乏意志力的人带来信心。

从色彩生理学的角度解读，红色是身体处于运动状态时的颜色，它能唤醒身体的生命力。

红色能激发我们内心深处的激情。在恋爱中，无论男人还是女人，穿红色都会更具吸引力。男性穿红色能让女性觉得更有力量，女性穿红色能让男性觉得更亲近。

11.2

橙色

从积极的方面看，橙色是开放和乐观的颜色；从消极的色彩含义来解读，它又是悲观和肤浅的颜色。

红色能激起人的生理反应，黄色能激发人的心理反应，而橙色是一种跟人类的直觉有关的颜色。

橙色是最具安抚力量的颜色。它能在困难时期给人提供情感力量，帮助人们从失望和绝望中解脱出来，也有助于人们从悲痛中恢复过来，让我们看见生活中光明的一面。

橙色象征活泼外向、无拘无束，能激发人们谈话交流，但过量的橙色会给人以过分炫耀与自我表现的印象。

橙色能刺激食欲。如果您喜欢围坐在餐桌旁长时间愉快地用餐和交谈，那您的用餐环境中可以多一点橙色；但如果您正在减肥，那您的用餐环境中最好少一点橙色。

11.3

黄色

作为光谱中最明亮的颜色，黄色具有乐观开朗的特点，令人振奋、富有启发性，给人以希望和快乐。

黄色具有耀眼、尖锐的视觉特征，人们常将它跟思想分析、自我批判与批判他人联系在一起。因此，人们认为喜欢黄色的人多半不会感情用事。

在心理学上，黄色代表不耐烦。因为，人长时间注视黄色，容易烦躁不安。事实上，大面积的黄色的确会让老年人焦虑。同时，科学实验也证明，婴儿长时间待在黄色的房间里确实更喜欢啼哭。

黄色是是个善变的颜色。如果你的生活状态正在发生巨大的变化，有着许多的不确定，你可能无法忍受黄色，因为黄色会让你感觉到更大的压力。这时，你需要用绿色或柔和的橙色来平衡你的感受。

11.4

绿色

　　绿色是大自然中最常见的颜色之一，也是让人眼感觉最舒适的颜色之一。它是黄色和蓝色的混合色，既具有黄色明亮、尖锐的视觉特征，也具有蓝色给人带来的冷静、睿智的视觉感受。

　　绿色代表平衡、和谐和慷慨，象征着积极的生活态度、自力更生的勇气，意味着能量得到恢复，可以缓解人们的紧张感和压抑感。

　　同时，绿色又象征着无条件地去爱和呵护他人。但从心理学上说，喜欢绿色的人通常非常在意他人的认同，强烈地需要通过拥有人和物来凸显自身价值，从而获得满足感。换句话说，喜欢绿色的人，通常有着强烈嫉妒心和占有欲。

11.5

蓝色

蓝色是信任与和平的颜色。它可以表示忠诚和正直，也可以表示保守和冷淡。

蓝色的智慧来自更高层次的灵性的视角。蓝色是精神、奉献和宗教研究的颜色。

蓝色是给予者，而不是索取者。它喜欢建立牢固的信任关系，如果这种信任被破坏，它就会受到深深的伤害。

蓝色是保守的和可预测的，是一种安全而不具威胁性的颜色，可能正因为它既安全又不具威胁性，同时又有坚持不懈地在任何困难中取得成功的决心，所以它是所有颜色中最受欢迎的颜色。

蓝色与其他颜色混合时，其他颜色很容易被改变色相，而其他颜色要改变蓝色却不太容易。因此，蓝色常用来象征怀旧和留恋过去。心理学认为，喜欢蓝色的人，不太容易适应新变化，也不太容易接受新的想法。相对而言，喜欢蓝色的人更愿意将新想法放到自己能接受的现实中来思考。

11.6

靛蓝

靛蓝色是深蓝色和紫色的混合色，拥有这两种颜色的属性。

靛蓝色被称为有助于打开第三只眼睛的颜色，在内省和冥想的时候，它能促进人的专注度，帮助你进入更深的意识层次。

找到"组织"对靛蓝意义重大，没有"组织"的靛蓝色会失去平衡，它是个不能自我成全的颜色。当涉及生活的秩序时，它可能相当顽固，紧张的时候也会变成戏剧女王，小题大做。

一般来说，喜欢靛蓝色的人，比较喜欢具有仪式感的传统的生活方式，以及体系严密的宗教和制度。即使是在规划未来，他们也往往喜欢强调过往的美好。

靛蓝色与狂热和沉溺有关。有些时候靛蓝代表狭隘、不能容忍和偏见。

11.7

紫色

　　紫色与想象力、灵性有关，是一种内省的颜色，使我们能够接触到自己更深层次的思想。

　　紫色既有红色的能量和力量，又有蓝色的灵性和诚实，它是身体和灵魂的结合，在我们的物质和精神之间创建一种平衡。

　　紫色是色彩明度很低的颜色，它的使用对环境色的要求很高，因此被理解为一个很容易受日常环境影响的颜色。

　　紫色鼓励追求创造性，通过有创造性的努力寻找灵感和创意。它喜欢与众不同、独立自主，而不是从众。艺术家、音乐家、作家、诗人都常受到紫色的启发。

　　过多的紫色会加重抑郁症患者的症状，对于易抑郁的人来说，应谨慎使用。

11.8

青绿色

青绿色（也叫松石绿）有助于人们打开心灵，进行语言交流，是一个友善的、快乐的生活享受者的颜色。

青绿色是蓝色和少量黄色的混合色，属于绿色和蓝色之间的颜色。它既有蓝色的平和与宁静，又有绿色的平衡感与生长感，也有黄色令人振奋的能量。穿在身上能让人减轻孤独感。

这个颜色对人有镇静作用，对公众演讲者集中注意力和保持思路清晰有帮助。

青绿色有益于人的观察力、感知力和辨别力，从而有益于我们在前进的道路上平衡利弊、对错，改善我们的心境。

完全缺少青绿色可能会导致你压抑自己的情绪，对生活方向感到迷茫困惑；过多的青绿色可能让你思维过于活跃，因过度的情绪化而造成情绪不稳定。

11.9

粉红色

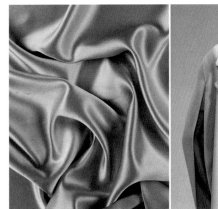

粉红色是红色和白色的混合色，它将红色变成了热烈温柔的爱的能量。

玫瑰是美好的象征，粉红是健康的象征。粉红色是浪漫的、女性化的，越深的粉红色越显示出激情和能量。

粉红色能使人的情绪平静下来，减轻其愤怒、怨恨、被遗弃和被忽视的感觉。研究证实，大量粉红色的环境对人有镇静作用，把暴力和好斗的囚犯安置在粉红色的房间里待上一定的时间，能成功地使他们平静下来。但是，如果待的时间过长会产生相反的效果。从消极的意义上解读，粉红色是一种缺乏意志力、缺乏自我更新能力的颜色，意味着一个人过于情绪化和小心谨慎。 一个人经常穿粉色衣服意味着其总需要被接受、支持和无条件的爱！

将粉红色与其他较深的颜色如深蓝、深绿、黑色或灰色组合在一起，可以增加粉红色的力量感和成熟感。

11.10

品红

品红是红色和紫色的混合色，既具有红色的激情和能量，又被紫色内省和安静的能量所约束。

品红能增强我们的直觉和精神感受能力，是一个具有转化能力的颜色。它有助于我们释放那些阻碍个人和精神发展的旧的情绪模式，帮助我们超越寻常生活中的戏剧人生，体验更高层次的意识和知识。

品红能让人以欣赏的眼光看待自己所获得的，在不快乐、生气或沮丧的时候能振奋我们的精神，大多数人在品红色的陪伴下会感到更乐观。

品红不是墨守成规者的颜色，相反，它是一个自由精神者的颜色，是对促进矛盾双方的和平谈判有助益的颜色。从消极的角度来看，品红会使一些人感到抑郁和绝望，不适宜性格内向者和长期抑郁的人。过多品红会让人看起来傲慢和专横，使人烦躁，无法忍受。可以通过引入绿色来实现色彩平衡。

11.11

棕色

棕色是泥土的颜色，人们常将它与健康、自然、有机及跟农业相关的东西联系在一起。一般而言，喜欢棕色的人，通常比较关注物质上的安全感和自身的归属感。

在聚会的场合，棕色常作为背景色出现，它不寻求被关注，更喜欢待在自己觉得安全的小世界里活动，比如家庭圈、好友圈，它甚至不喜欢惊喜，因此无趣也是它的特点之一。

棕色和绿色是地球上的主要颜色。棕色让人感到舒适和稳定，绿色则能给人以平衡感，象征着恢复活力，这正是我们应对现代生活压力所需要的。棕色搭配柔白或象牙白也能显得时尚优雅，尽管相比黑白配而言它还是偏休闲。

棕色的心理意义要根据它所含的颜色来定。棕色可以通过黑色、黄色、橙色、红色、灰色、绿色、蓝色、粉色和紫色等不同颜色混合出来，不同颜色混合出来的棕色具有不同的心理意义。

11.12

银色

　　银色的月光，令人向往，又让人多愁善感。因此，银色常常与女性情感、月亮圆缺、潮汐涨落等相关联，象征着流动、多情、神秘，同时又象征着舒缓、平静、净化等。

　　在颜色的意义上，银色与名望、财富、女性活力、高科技、现代感有关。它被视为一种迷人、闪耀、优雅的颜色。

　　银色将所有发射过来的能量都反射回去，无论是正的还是负的，因此它可以保护自己不受外界的消极影响。

　　传统上，人们将银色与优雅老去相联系，现代人们则将银色与企业界身居要职的男女相联系。

　　银色可以反射周围的颜色，是一种与其他大多数颜色都很协调的颜色，但从消极方面来说，它也是优柔寡断和缺乏承诺的。特别是在没有色彩的世界里，银色显得迟钝，没有生气。

11.13

金色

金色的太阳光芒万丈，人们常将金色与太阳和男性的力量相联系，将它视为象征成功和胜利的颜色。在心理上暗示繁荣、威望、奢侈。

金色为一切增加丰富性和温暖，它照亮及加强周围的其他事物，被视为乐观积极的颜色。在最高层次上，金色与更高的理想、智慧、理解和启迪相关，它激发知识、灵性和对自我与灵魂的深刻理解。

在颜色的意义上说，金色代表慷慨和给予，富有同情心和爱心，与他人分享智慧、知识和财富。

亮金色以灿烂的光芒吸引人的眼球，暗金色以深沉、强烈温暖人心。

过量使用金色就跟人被过多的金钱包围了一样，物极必反，会使人显得自私、自以为是，并在追求更大的权力和影响力时变得投机取巧。

11.14

白色

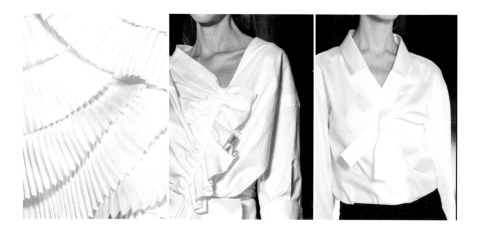

黑色是一切的结束，白色是新的开始。像一张空白的画布等待描绘，白色不能刺激感官，但它为创造心灵所能想象到的一切开辟了道路。

在色彩心理学中，白色代表纯洁、天真、完整，象征洁净的人格、纯净的极致。

白色包含了光谱中所有颜色的平衡，也代表所有颜色的正面和负面。它的基本特征是平等、公平与公正。白色完全反射光，唤醒开放、成长和创造力。你不能躲在白色的后面，因为它放大了一切。

太多的白色让人感到冷漠、孤独和空虚，暗示贫疾、冷漠和无趣的感觉，它对感官几乎没有刺激。

许多人用白色来回忆他们的青春和纯真，回想过去一些更轻松、更简单的生活，或者表明他们希望开始新的生活，比如寻求一段新的关系或确定一个新的职业方向。

11.15

黑色

在色彩心理学上，黑色是隐藏的、神秘的，它把事情藏在心里，不让外界知道。黑色意味着自制和自律，以及独立和坚强的意志，是权力与威严的体现。

黑色是结束，结束又总是意味着一个新的开始。青少年在从童年的天真向成年的成熟过渡阶段，往往有穿黑色衣服的心理需求。它象征着他们生命中一部分的结束和另一部分的开始，黑色让他们在逃避世界的同时发现自己独特的身份，这个过程对他们是很重要的。但如果进入成年阶段还继续穿黑色而不穿其他颜色的衣服，则是让人担忧的。

黑色也可解读为性感和诱惑，理解为有臣服于另一个人的意愿。

太多的黑色会导致抑郁和情绪波动，让环境变得消极。黑与白的搭配可营造一种好辩论的氛围，最好用一些颜色与之搭配，以提升它的效果。

12

服饰搭配 36 例

FOUR SEASONAL COLORS OUTFIT DRAWINGS

　　时装潮流总在轮回，我们没必要步步紧跟潮流的细枝末节，也没必要一味抗拒潮流带出的新理念，正如色彩的种类与品质也在不断提升，适合您的颜色可能会在下一个潮流中以新的搭配组合出现，从而让您的衣橱有了更新的机会。本章为每个季节各手绘了9套服饰，每个案例的颜色都出自指定的季节调色板。穿着的场合以日常生活、工作、交友聚会为主。仔细观察每套服饰的材质、纹理和设计特点，您会发现它们是时尚与经典、优雅与实用相结合的产物。

12.1

春季肤色服饰色彩搭配

浅暖米色底、
粉和蓝格纹法式连
衣裙，牛皮凉鞋。

适合外出旅行。

芽绿色马海毛毛衣外套，番红花鲜紫蕾丝花边长裙，象牙白牛皮高跟鞋。

适合外出逛街，约会。

DATE

长春花蓝西装，浅暖米色牛仔裤，粉红拼色丝巾。可搭配米色Ｔ恤或米色高领打底衫。

半正式，适合日常生活、工作。

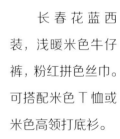

OFFIC

淡金色底、浅米色格纹西装，金棕色西装裤，天空蓝尖头高跟鞋。可搭配天空蓝无领衬衣或高领打底衫。

偏正式，适合工作。

OFFICE

米黄色高领毛衣，杏色亮面羽绒背心，驼色针织宽松阔腿裤，暖粉红拼浅暖灰色板鞋。

适合休闲旅行。

TRAVEL

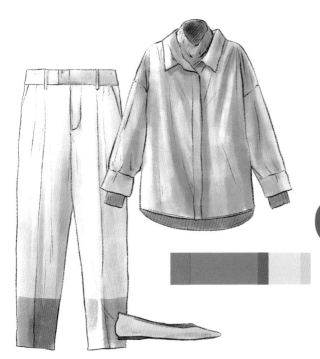

长春花蓝假两件衬衫，
暖浅灰拼大红色西装裤，
杏色平底鞋。

适合外出办公。

OFFIC

浅橙色毛呢西
装，芽绿色兔毛毛衣，
复古格纹半裙，象牙
白小皮靴。

适合办公、聚会。

OFFIC

翠绿色连衣裙，嫩绿色英伦系西装，米黄色画家帽。

适合聚会、工作。

OFFICE

暖浅灰色运动卫衣，牛奶巧克力色瑜伽裤，暖浅米色平底板鞋。

适合运动外出。

SPORT

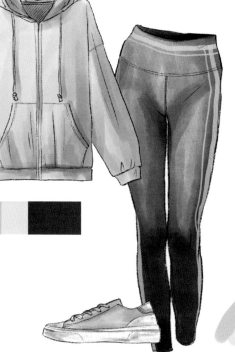

12.2

夏季肤色服饰色彩搭配

拼色真丝吊带连衣
裙，浅柠檬寸跟高跟鞋。

适合聚会、外出。

OUTING

柔白真丝 V 领宫廷式衬衣，

祖母绿西装裤，水粉蓝绿色单鞋。

适合办公、聚会。

OFFICE

玫瑰棕沙网毛衣，格子蛋糕半身裙，薰衣草紫高跟鞋。

适合外出、办公、聚会。

OUTING

粉末蓝拼绛紫色海马毛毛衣，香槟色羊绒阔腿裤，可可粉色鳄鱼皮压纹皮鞋。

适合外出、办公。

OFFIC

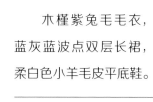

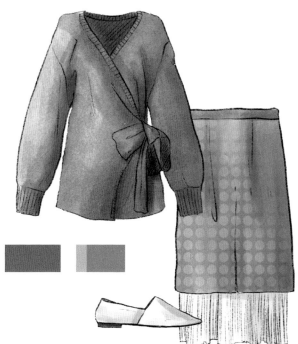

木槿紫兔毛毛衣，蓝灰蓝波点双层长裙，柔白色小羊毛皮平底鞋。

适合工作、休闲外出、约会。

PART

灰海军蓝拼勃艮第酒红短毛衣，香槟色毛呢包臀过膝裙，漆跟酒红编织高跟鞋。

适合工作、商业聚餐、逛街。

OFFICE

浅灰蓝长款羽绒服，柔白拼可可粉色拼接长款毛衣裙，可可粉色细腰带。

适合聚会、聚餐、外出。

OUTING

浅柠檬黄圆领卫衣，粉末蓝老爹牛仔裤，可可粉棕色高跟鞋。

适合办公、外出。

OFFIC

天空蓝、浅水绿、薰衣草紫、香槟色、柔白都是夏天休闲装的常用色，由于纯度和明度接近，这些颜色可自由搭配。

适合逛街、工作、聚会、旅游。

12.3

秋季肤色服饰色彩搭配

复古真丝吊带连衣裙，珍
珠色单皮高跟鞋。

适合外出、聚会。

PARTY

牡蛎白棉麻西装短袖衬衫，
金色丝绸侧开裙，黄－绿色墨镜，
黄－绿色亮面鳄鱼皮纹高跟鞋。

偏休闲，适合聚会、逛街。

OUTING

正橙色毛衣，牡蛎白棱格吊
带毛衣裙，陶土红压纹皮鞋。

适合聚会、外出。

PARTY

暖米色皱褶连衣裙，深咖啡色高领小坎肩，金黄色高跟鞋。

适合工作、逛街。

OUTING

深棕番茄红拼色双色双面穿大衣，牡蛎白高领毛衣，不对称半身裙，棕色中筒皱褶靴。

适合办公。

OFFICE

灰绿色系带长袖衬衫外套，深黄色不对称半身裙，暖米色平底凉鞋。

适合逛街、工作、聚会、旅游。

TRAV

暖米色风衣，青铜色毛衣裙，牡蛎白麂皮中筒皱褶靴。

适合工作、外出。

OFFIC

金色大衣，松石绿不规则剪裁毛衣，格子西裤，牡蛎白小羊皮平底鞋。

适合上班、外出。

OFFICE

番茄红衬衣，森林绿风衣，牛仔裤，番茄红皮鞋。

适合办公、外出。

OFFICE

12.4

冬季肤色服饰色彩搭配

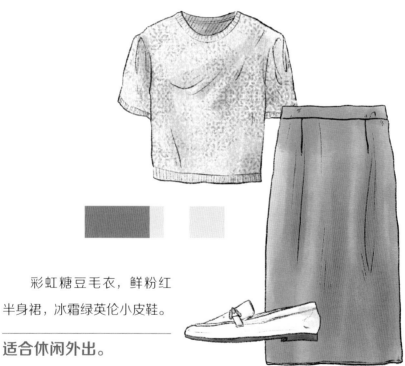

彩虹糖豆毛衣，鲜粉红
半身裙，冰霜绿英伦小皮鞋。

———————————

适合休闲外出。

冰霜水蓝短款羽绒服，
冰霜绿圆领卫衣，柠檬黄
与纯白相间条纹衬衣。这
些都可和黑裤搭配形成强
烈对比。

炭灰色拼羊羔毛外套，冰霜蓝暗纹
皱褶连衣裙，灰褐色麂皮皮靴。

适合办公、聚会、外出。

黑色小香风毛衣外套，
灰色紧身牛仔裤，褐色皮
拼接靴。

适合办公、逛街。

OFFIC

浅纯绿千鸟格
套装，紫红 ∨ 领上
衣，灰褐色皮靴。

适合办公。

OFFIC

宝石红格纹西装，灰褐色工装阔腿裤，勃艮第酒红高跟鞋。

适合办公、逛街、外出。

OFFICE

鲜青绿仿皮草短毛衣外套，灯芯绒阔腿裤，宝石红亮漆高跟皮靴。

适合逛街、外出。

OUTING

皇家紫与浅纯绿拼色棱格毛衣，鲜青绿毛衣裙，海军蓝与黑拼色高跟鞋。

适合休闲、聚会、外出。

PARTY

灰褐色羊毛西装，松柏绿无袖连体裤，冰霜柠檬黄交叉绑带平底鞋。

适合工作、聚会。

虽然**色彩千千万**，
但您只要找到**适合自己**的
30 种颜色**就够了**。

因为此后，
您就有能力找到更多
适合自己的颜色，
这也是我的经历。

我相信，
适合的颜色能为您的成功
助一臂之力！